AF546605

GRUNDLAGEN DER ERDBEWEGUNG

ISBN 978-3-7812-2060-7

Verlegt im Kirschbaum Verlag GmbH,
Fachverlag für Verkehr und Technik, Bonn

Grafik und Layout: Eveline Gramer
Redaktion: Klaus Finzel

3. Auflage, März 2020

STEFAN OPPERMANN
ROLAND REDLICH
MICHAEL SCHÜMANN

GRUNDLAGEN DER ERDBEWEGUNG

begründet von Wilfrid Eymer †

KIRSCHBAUM VERLAG

Fred Cordes
Vorsitzender der Geschäftsführung
der Zeppelin Baumaschinen GmbH

Eine effiziente Erdbewegung wird – neben dem achtsamen und nachhaltigen Umgang mit der wertvollen Ressource Boden – immer wichtiger. Der wirtschaftliche Einsatz von Baumaschinen erfordert eine wohlüberlegte und durchdachte Planung, um Projekte jeglicher Größe fertigzustellen. Vor allem kommt es den Betreibern von Baumaschinen darauf an, den Dieselverbrauch, einer der größten Kostenblöcke bei den Betriebskosten, zu senken. Doch Verbrauch ist nicht gleich Verbrauch. Es geht zwar in erster Linie immer um die Relation zu den Betriebsstunden, doch aussagekräftiger ist die Relation zum bewegten Material. Betriebe der Bauwirtschaft und der Gewinnungsindustrie setzen darum alles daran, den Kraftstoffverbrauch pro Tonne zu minimieren.

Damit der Einsatz der Baumaschinen nicht zu unnötigem Kraftstoffverbrauch führt, gilt es, eine weitere Kenngröße im Blick zu haben: den Leerlauf. Denn auch dieser verursacht unnötige Kosten: Nicht nur, was den Kraftstoff betrifft, sondern auch weil Inspektionen schneller fällig werden, wenn der Betriebsstundenzähler weiterläuft. Und wenn eine Maschine unnötigerweise viele Betriebsstunden anhäuft, wirkt sich das letztlich ungünstig auf den späteren Wiederverkaufspreis aus.

VORWORT

Dipl.-Ing. Wilfrid Eymer, der die erste Ausgabe dieses Buches verfasste und mehrere Jahrzehnte leitender Angestellter der Zeppelin Baumaschinen GmbH war, hat sich im Lauf seines Berufslebens intensiv der Planung von Maschineneinsätzen gewidmet. Noch heute ist er Kunden als ausgewiesener Kenner und Experte der Materie Erdbewegung ein Begriff. 1995 erschien erstmals das Werk „Grundlagen der Erdbewegung" – es hat sich bis heute zu einem Standardwerk etabliert. Daran knüpfte die zweite Auflage an, die von Stefan Oppermann, Roland Redlich und Michael Schümann fortgeführt wurde, die bei Zeppelin als Einsatzberater und würdige Nachfolger in Eymers Fußstapfen getreten waren.

Mit der vorliegenden dritten Auflage wurden von Stefan Oppermann die bereits dargestellten Erkenntnisse ergänzt, überarbeitet und aktualisiert. Angepasst wurde die grafische Darstellung, die angereichert wurde durch Bilder von Baumaschinen neuester Generation. Dabei wird kein Gerät besonders hervorgehoben, sondern der Fokus liegt in der Einsatzanalyse im reibungslosen Zusammenspiel aller Maschinen. Unter die Lupe genommen werden Parameter, die deren Einsatz beeinflussen und die sich auf Kosten sowie Leistung auswirken.

Basierend auf umfangreichen Erkenntnissen aus der Praxis liefern die „Grundlagen der Erdbewegung" Basiswissen für Mitarbeiter von Gewinnungsbetrieben, Bau- sowie Garten- und Landschaftsbauunternehmen bei Planung, Kalkulation und Verrichtung der anfallenden Arbeiten. Sie zeigen auf, wie Unternehmen Ressourcen in Form von Betriebsmitteln, Fahrzeugen und ihr Personal perfekt aufeinander ausrichten müssen, damit sie Abläufe und Prozesse optimieren können. Das vorliegende Werk bildet das umfangreiche Know-how ab, das Zeppelin im Lauf von vielen Jahrzehnten rund um Erdarbeiten, Rohstoffgewinnung und Materialtransporte gesammelt hat, und bringt es in verständlicher Form auf den Punkt.

730C
CAT 972M

INHALTSVERZEICHNIS

1

Material

Die richtige Beurteilung des Materials ist eine der wichtigsten Voraussetzungen für eine wirtschaftliche Erdbewegung. Sie hat unmittelbare Auswirkungen auf die Geräteauswahl und die Geräteausrüstung, vor allem aber auf die Leistungen und Kosten. Sie entscheidet wie kaum ein anderer Faktor über Erfolg oder Misserfolg einer Erdbewegung.

Wie kann es zu Fehlbeurteilungen des Materials kommen? Die Materialdefinition und -klassifikation gestaltet sich recht schwierig, da eine exakte Einteilung kaum möglich ist. Sie kann nach dem geologischen Aufbau, der Strukturbeschaffenheit, dem stofflichen Aufbau oder auch nach der Gewinn- und Lösbarkeit erfolgen. Bei Ausschreibungen findet man meist eine Mischung dieser unterschiedlichen Definitionen.

Wenn also schon die Einzeldefinition recht schwierig ist, um wie viel komplizierter wird es bei einer Erdbaustelle mit wechselndem Material? Für den hier gegebenen Rahmen erscheint die Materialeinteilung nach dem geologischen Aufbau einerseits und nach Gewinnung, Verwendung und Verarbeitung andererseits am zweckmäßigsten. Weitere das Material betreffende Kriterien werden, soweit sie den Erdbewegungsprozess wesentlich beeinflussen, bei den jeweiligen Kapiteln mitbehandelt.

1.1 GEOLOGISCHE EINTEILUNG

Alle in der Natur vorkommenden losen und festen Anhäufungen von Mineralien werden mit Ausnahme von Salz und Erz als Gesteine bezeichnet. Hierzu gehören alle Felsarten, aber auch alle Tone, Sande, Kiese und Gerölle.

Jedes Gestein verdankt seine Entstehung den örtlich und zeitlich verschiedenen physikalischen und chemischen Bildungsumständen. Genetisch wird unterschieden in drei Gesteinsarten: die magmatischen Gesteine, die Sedimentgesteine und die metamorphen Gesteine.

1.1.1 MAGMATISCHE GESTEINE

Tiefengesteine

Tiefengesteine haben ihren Ursprung im Erdinnern und sind, aus dem Schmelzfluss (Magma) kommend, schnell oder langsam erstarrt. Konnte das Magma nicht bis an die Erdoberfläche durchdringen, blieb es also in der Erdkruste stecken, dann erfolgte eine ganz langsame Abkühlung und Erstarrung. Es entstanden die Tiefengesteine oder Plutonite. Die im Schmelzfluss enthaltenen Mineralien hatten genügend Zeit, voll auszukristallisieren. Das Gesteinsgefüge ist richtungslos, an seinem körnigen Aussehen ist das Gestein leicht zu bestimmen.

Typische Vertreter der Tiefengesteine sind Granit, Syenit, Diorit, Gabbro.

DIE GEOGRAPHISCHE VERTEILUNG DER PLUTONITISCHEN GESTEINE IN DEUTSCHLAND

Granit
Bayrischer Wald, Erzgebirge, Fichtelgebirge, Harz, Lausitz, Odenwald, Oberpfälzer Wald

Syenit
Mittelsachsen

Diorit
Bayrischer Wald, Odenwald, Thüringer Wald

Gabbro
Harz, Odenwald, Schwarzwald

982M
CAT

Eruptivgesteine
Konnte der Schmelzfluss die Oberfläche erreichen, fand wegen der schnellen Abkühlung keine Auskristallisation statt. Es entstanden die Erguss- oder Eruptivgesteine, auch Vulkanite genannt. Man erkennt sie an ihrem porphyrischen, zum Teil glasigen, auf jeden Fall aber kristallfreien Aussehen.

Zu den Eruptivgesteinen zählen Porphyr, Porphyrit, Diabas, Rhyolith, Trachyt, Phonolith, Andesit, Basalt, Bimssteine.

Die Plutonite lassen sich von den Vulkaniten auch durch ihren Chemismus unterscheiden. Weist der Granit mehr als 65 % SiO_2 auf, so liegt diese Mineralkomponente beim Basalt nur noch bei 45 %. Die Gesteine wechseln also von sauer nach basisch. Dieser unterschiedliche chemische Aufbau der Gesteine wirkt sich in außerordentlich starkem Maße auf die Gewinnung und Verarbeitung aus, man denke nur an den Verschleiß beim Bohren, Laden, Zerkleinern.

SÄULENBASALT, TYPISCHES ERUPTIVGESTEIN

ERUPTIVGESTEINE, VORKOMMEN IN DEUTSCHLAND

(Quarz)porphyr und Rhyolith Erzgebirge, Flechtinger Scholle, Nahe-Saar, Odenwald, Schwarzwald
(Orthoklas)porphyr und Trachyt Rheinisches Schiefergebirge, Siebengebirge, Thüringer Wald, Westerwald
Porphyrit und Andesit Flechtinger Scholle, Nahe-Saar, Siebengebirge, Thüringer Wald
Diabas Fichtelgebirge, Harz, Rheinisches Schiefergebirge, Vogtland
Phonolith und Basalt Eifel, Erzgebirge, Lausitz, Rhön, Vogelsberg, Westerwald
Bimsstein und vulkanische Aschen und Schlacken Eifel, Nördlinger Ries, Siebengebirge

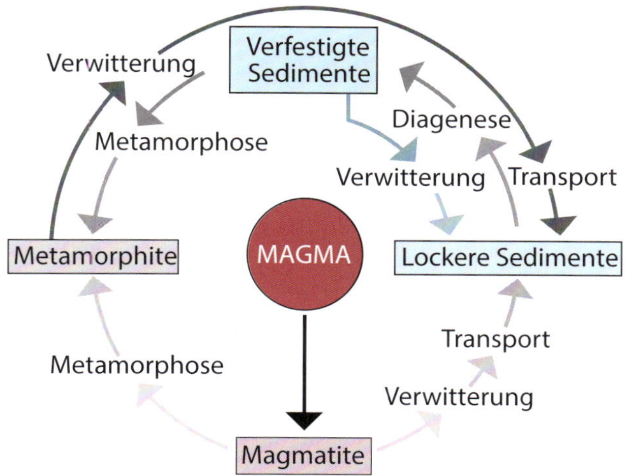

KREISLAUF DER GESTEINE

1.1.2 SEDIMENTGESTEINE

Alle Sedimentgesteine, die auch Ablagerungs- oder Schichtgesteine genannt werden, stellen Verwitterungsprodukte von magmatischen, metamorphen oder älteren Sedimenten dar. Es ist ein ewiger Kreislauf von der Entstehung eines Gesteins über die Verwitterung und Abtragung bis zur Sedimentation der Zerfallsprodukte.

Die Sedimente machen 75 % aller Gesteine an der Erdoberfläche aus.

Die Umlagerung in die neuen Sedimentationsräume besorgen Gletscher, Flüsse, Bäche und auch der Wind. Bei diesem Transport erfährt das Gesteinsmaterial eine permanente Zerkleinerung und Klassierung. Die mechanische Zerkleinerung erfolgt bis in den Feinstsandbereich. Man nennt diese Gesteine klastische Sedimente.

Die von ihrem Kornbild her noch feineren Sedimente Ton und Schluff sind nicht durch mechanische Zerkleinerung, sondern durch chemische Umwandlung entstanden.

Je nachdem, ob die zerkleinerten Sedimente in den Sedimentationsräumen lose abgelagert oder wieder verfestigt sind, unterscheidet man in Lockergesteine und verfestigte Sedimente.

DIE ENTSTEHUNG DER SEDIMENTGESTEINE

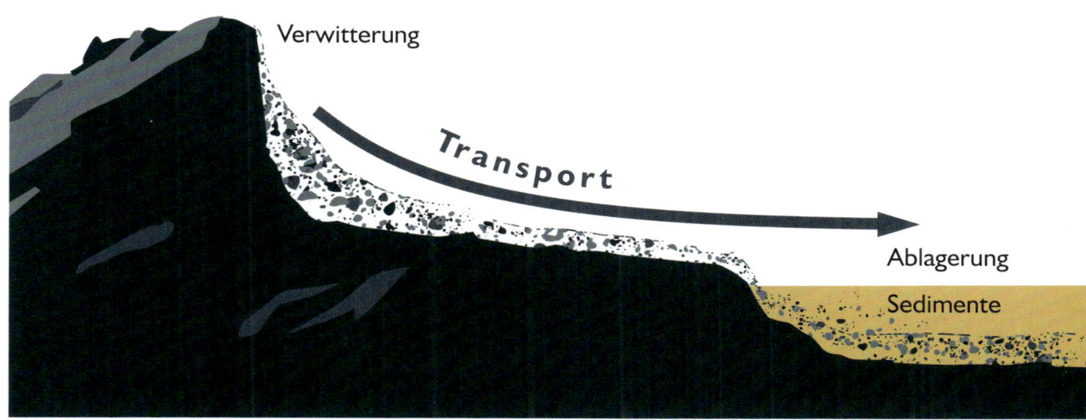

KALKSTEIN,
TYPISCHES SEDIMENTGESTEIN

TYPISCHE SEDIMENT-
ABLAGERUNG AM BERGFUSS

Lockergesteine

Windtransportierte oder in Meeresräumen abgelagerte Sedimente gehören überwiegend einer Korngröße an. Hierzu zählen zum Beispiel die Lößablagerungen oder auch die Sandbänke in den Meeren und Flüssen. Lockergesteine lassen sich klassifizieren nach ihrem Korndurchmesser (in mm). Man unterscheidet Tone, Schluffe (Pelite), Sande (Psammite) und Kiese (Psephite).

EINTEILUNG DER LOCKERGESTEINE
NACH IHREM KORNDURCHMESSER

Korndurchmesser (mm)	Materialart
bis 0,002	Ton
0,002 – 0,006	Feinschluff
0,006 – 0,02	Mittelschluff
0,02 – 0,06	Grobschluff
0,06 – 0,20	Feinsand
0,20 – 0,60	Mittelsand
0,60 – 2,00	Grobsand
2,00 – 6,00	Feinkies
6,00 – 20,00	Mittelkies
20,00 – 63,00	Grobkies
über 63,00	Steine

Die Lockergesteine gehören häufig nicht nur einer Kornklasse an. Man spricht in diesem Fall von Mischlockergesteinen oder Mischböden. Der Hauptbestandteil wird als Materialbezeichnung gewählt, die begleitenden Korngruppen werden als Adjektiv hinzugefügt.

DIE GEOGRAPHISCHE VERTEILUNG DER LOCKERGESTEINE IN DEUTSCHLAND

Tone
In den Mittel- und Unterläufen der Flüsse sowie in den früheren Vereisungsgebieten

Schluffe
Alpenvorland sowie nördlich der Mittelgebirge, auch in den früheren Vereisungsgebieten

Sande
Hauptsächlich im Bereich der großen Flüsse Rhein, Main, Donau und Elbe, aber auch in ehemaligen Vereisungsgebieten

Kiese
Als Flusskies im Bereich von Rhein, Main, Donau, Elbe und deren Nebenflüssen

BEISPIELE

12 % Ton, 23 % Kies, 65 % Sand
d. i. tonig-kiesiger Sand

12 % Sand, 23 % Ton, 65 % Kies
d. i. sandig-toniger Kies

Kalkhaltige Tone bezeichnet man als Mergel. Differenziert wird auch hier nach dem jeweiligen Anteil an Kalk und Ton.

Wurden Mergelschichten beim Gletschertransport mit Gesteinsbrocken durchsetzt, spricht man von Geschiebemergel oder glazialen Mergeln. Kam es infolge von Verwitterung zu einer Entkalkung, dann wandelte sich der Geschiebemergel in Geschiebelehm um.

MERGELARTEN

95 – 85 % Kalk	mergeliger Kalk
85 – 75 % Kalk	Mergelkalk
75 – 65 % Kalk	Kalkmergel
65 – 35 % Kalk	Mergel
35 – 25 % Kalk	Tonmergel
25 – 15 % Kalk	Mergelton
15 – 5 % Kalk	mergeliger Ton
5 % Kalk	Ton

Das physikalische Verhalten der Mischböden ist überwiegend abhängig vom feinsten Kornanteil und dessen Prozentsatz zur übrigen Kornklasse.

Die Korngrößen und ihr jeweiliger Anteil werden ermittelt durch Siebanalysen, wobei Siebdurchgang und Siebrückstand nach DIN 4022 in Kurven dargestellt werden (siehe unten stehende Grafik). Die Böden lassen sich so für bautechnische Zwecke klassifizieren. Die DIN 18196 gibt diesbezügliche Einzelheiten an. Dort sind die Bodenarten in Gruppen mit annähernd gleichem bodenphysikalischen Verhalten dargestellt.

KORNVERTEILUNGSKURVE

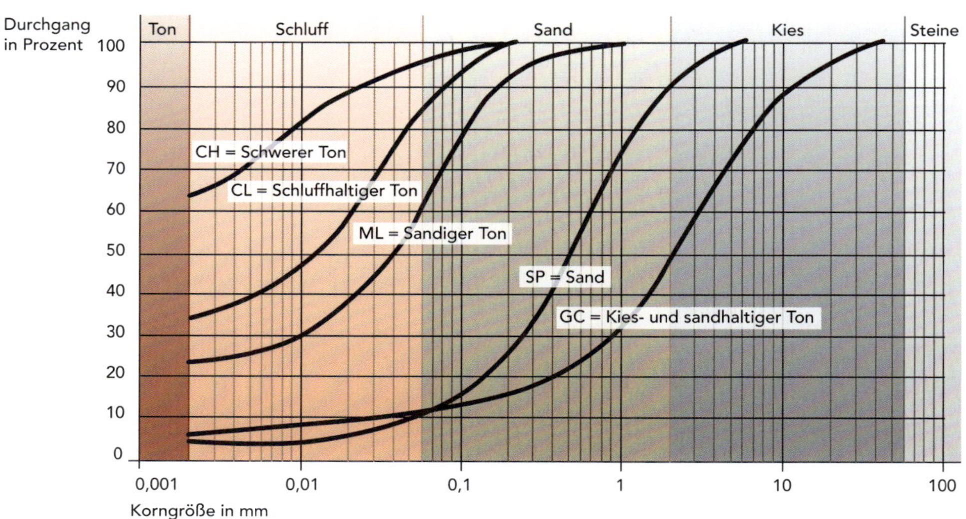

Verfestigte Sedimente

Druck und Temperatur können zu einer Verkittung und Wiederverfestigung der Lockergesteine führen. Aus Ton wird Tonstein, aus Schluff Schluffstein und aus Sand Sandstein. Die gröberen Gerölle ergeben das Konglomerat, die Blöcke werden nach ihrer Verfestigung Brekzien genannt. Brekzien sind eckig, z. B. Nagelfluh, da die Blöcke kaum transportiert worden sind, wohingegen Konglomerate wegen des Materialtransports abgerundet sind. Konglomerate können sehr feinkörnig sein, zum Beispiel die Grauwacke.

Zu den verfestigten Sedimenten gehören außerdem die chemischen und organogenen Sedimente. An erster Stelle sind die Karbonate Kalkstein und Dolomit zu nennen. Sie sind entstanden auf chemischem Wege durch Lösen und Ausfällen oder auf biologischem Wege durch Mitwirkung von Organismen, hauptsächlich Korallen, Muscheln und Schnecken. Sie haben auf dem Gebiet Steine und Erden die größte technische und wirtschaftliche Bedeutung erlangt. Als Beispiel für ein typisches organogenes Sediment kann Travertin genannt werden. Eine weitere Gruppe bilden die Sulfate Gips und Anhydrit, die regionale Bedeutung haben.

Verfestigte Sedimente finden wir meist in dichtgelagerten Schichten (Bänken) unterschiedlichster Stärke.

VORKOMMEN DER VERFESTIGTEN SEDIMENTGESTEINE

Tonstein, Schluffstein und Schieferton
Fränkische Alb, Schwäbische Alb, Thüringer Becken

Tonschiefer
Frankenwald, Harz, Rheinisches Schiefergebirge, Vogtland

Mergelstein
Thüringer Becken, Münsterländer Becken

Sandstein
Elbsandsteingebirge, Nahe-Saar, Rheinisches Schiefergebirge, Sächsische Schweiz, Thüringer Wald, regionale Vorkommen in fast allen Bundesländern

Grauwacken
Harz, Lausitz, Rheinisches Schiefergebirge, Thüringisch-Vogtländisches Schiefergebirge

Kalkstein und Dolomit
Fränkische Alb, Baden-Württemberg, Franken, Harz, Hessen, Niedersachsen, Rheinisches Schiefergebirge, Rüdersdorfer Bergrücken, Schwäbische Alb, Thüringer Becken, Thüringisch-Vogtländisches Schiefergebirge, Westfalen

Travertin
Baden-Württemberg, Niedersachsen, Thüringer Becken

Gips und Anhydrit
Harz, Kyffhäuser, Nordbayern, Rheinland-Pfalz, Werragebiet

Schluffstein

Tonschiefer

Mergelstein

Sandstein

Grauwacken

Kalkstein

Travertin

Anhydrit

1.1.3 METAMORPHE GESTEINE

Die Umwandlungsgesteine oder Metamorphite führen ihren Ursprung sowohl auf Erstarrungsgesteine als auch auf Sedimente zurück. Die Umwandlung erfolgte meist durch hohe Temperaturen und Drücke als Folge gebirgsbildender, tektonischer Vorgänge. Es entstanden die kristallinen Schiefer.

Von Kontaktgesteinen spricht man, wenn die Umwandlung durch Temperatureinwirkung bei Berühren eines Gesteins mit aufsteigendem Magma bewirkt wurde.

Die kristallinen Schiefer sind weit ausgedehnter und damit im Erdbau und der Natursteingewinnung bedeutender als die Kontaktgesteine. Die nebenstehende Aufzählung zeigt die geographische Verteilung der metamorphen Gesteine.

UMWANDLUNG IN KONTAKTGESTEIN

Ursprünglisches Gestein	Kontaktgestein
Sandstein	Quarzit
Grauwacke	Hornfels
Kalkstein	Marmor
Mergelstein	Amphibolit
Schieferton	Fruchtschiefer

UMWANDLUNG IN KRISTALLINE SCHIEFER

Ursprünglisches Gestein	Kristalline Schiefer
Granit, Diorit	Gneis
Quarzporphyr, Porphyrit	Gneis
Quarzporphyr	Granulit
Basalt	Serpentinit
Sandstein	Quarzit
Grauwacke	Gneis
Kalkstein	Marmor
Mergelstein	Amphibolit
Schieferton	Phyllit
Tonschiefer	Glimmerschiefer

METAMORPHITE IN DEUTSCHLAND

Gneis und Glimmerschiefer
Bayrischer Wald, Erzgebirge, Fichtelgebirge, Odenwald, Pfälzerwald, Spessart, Taunus

Granulit
Erzgebirge, Mittelsachsen

Amphibolit
Erzgebirge, Fichtelgebirge, Odenwald, Schwarzwald, Spessart

Quarzite
Erzgebirge, Harz, Taunus, Thüringisch-Vogtländisches Schiefergebirge

Serpentinit
Fichtelgebirge, Odenwald, Sachsen, Schwarzwald

Marmor
Altmühl, Erzgebirge, Fichtelgebirge, Odenwald

Phyllit
Frankenwald, Harz, Rheinisches Schiefergebirge, Vogtland

1.2 KLASSIFIKATION DER BÖDEN AUS DER SICHT DES GEWINNENS UND BEARBEITENS

Die Vergabe- und Vertragsordnung für Bauleistungen (VOB) legt ihren technischen Vertragsbedingungen für den Bereich Erdarbeiten die DIN 18300 zugrunde. Diese Norm gilt für den gesamten Erdbewegungsablauf vom Lösen bis zur Verdichtung.

Danach werden die Böden in sieben Bodenklassen (Bkl.) eingeteilt, wie in der Tabelle auf der nächsten Seite beschrieben.

Schwierigkeiten in der Materialbeschreibung und -beurteilung treten dadurch auf, dass zum einen die Grenzen zwischen den einzelnen Bodenklassen fließend sind, und zum anderen, dass nur selten eine einzige Bodenklasse auftritt. So kann in einem Einschnitt zum Beispiel der obere Materialbereich verwittert sein und der Bkl. 6, der darunterliegende der Bkl. 7 zugehören.

Es sollen hier nur die bodenmechanischen Kennwerte des Materials angesprochen werden, die unmittelbaren Einfluss auf den Erdbewegungsprozess haben, nicht hingegen diejenigen, die etwas über das Material als Baustoff aussagen.

EINTEILUNG DER BÖDEN NACH DIN 18300

Klasse 1	**Oberboden** Die oberste Schicht des Bodens, die neben anorganischen Stoffen, z. B. Kies-, Sand-, Schluff- und Tongemischen, auch Humus und Bodenlebewesen enthält.
Klasse 2	**Fließende Bodenarten** Bodenarten, die von flüssiger bis breiiger Beschaffenheit sind und die das Wasser schwer abgeben.
Klasse 3	**Leicht lösbare Bodenarten** Nichtbindige bis schwachbindige Sande, Kiese und Sand-Kies-Gemische mit bis zu 15 Gewichtsprozent Beimengungen an Schluff und Ton (Korngröße kleiner als 0,06 mm) und mit höchstens 30 Gewichtsprozent Steine von über 63 mm Korngröße bis zu 0,01 m^3 Rauminhalt. Organische Bodenarten mit geringem Wassergehalt (z. B. feste Torfe).
Klasse 4	**Mittelschwer lösbare Bodenarten** Gemische von Sand, Kies, Schluff und Ton mit mehr als 15 Gewichtsprozent der Korngröße kleiner als 0,06 mm. Bindige Bodenarten von leichter bis mittlerer Plastizität, die je nach Wassergehalt weich bis halbfest sind und die höchstens 30 Gewichtsprozent Steine von über 63 mm Korngröße bis zu 0,01 m^3 Rauminhalt enthalten.
Klasse 5	**Schwer lösbare Bodenarten** Bodenarten nach den Klassen 3 und 4, jedoch mit mehr als 30 Gewichtsprozent Steine von über 63 mm Korngröße bis zu 0,01 m^3 Rauminhalt. Nichtbindige und bindige Bodenarten mit höchstens 30 Gewichtsprozent Steine von über 0,01 m^3 bis 0,1 m^3 Rauminhalt. Ausgeprägt plastische Tone, die je nach Wassergehalt weich bis halbfest sind.
Klasse 6	**Leicht lösbarer Fels und vergleichbare Bodenarten** Felsarten, die einen inneren, mineralisch gebundenen Zusammenhalt haben, jedoch stark klüftig, brüchig, bröckelig, schiefrig, weich oder verwittert sind, sowie vergleichbare feste oder verfestigte bindige oder nichtbindige Bodenarten. Nichtbindige und bindige Bodenarten mit mehr als 30 Gewichtsprozent Steine von über 0,01 m^3 bis 0,1 m^3 Rauminhalt
Klasse 7	**Schwer lösbarer Fels** Felsarten, die einen inneren, mineralisch gebundenen Zusammenhalt und hohe Gefügefestigkeit haben und die nur wenig klüftig oder verwittert sind. Festgelagerter, unverwitterter Tonschiefer, Nagelfluhschichten, Schlackenhalden der Hüttenwerke und dergleichen. Steine von über 0,1 m^3 Rauminhalt.

Anmerkung: 0,01 m^3 Rauminhalt entspricht einer Kugel mit einem Durchmesser von etwa 0,3 m, ein Rauminhalt von 0,1 m^3 einer Kugel von etwa 0,6 m.

1.2.1 RAUMGEWICHT, AUFLOCKERUNG, SCHÜTTGEWICHT

Diese drei Faktoren bestimmen maßgeblich die Geräteauswahl, die Geräteleistungen und die Kosten der Erdbewegung. Sie sollen daher etwas näher betrachtet werden.

Raumgewicht

Das Raumgewicht, auch Rohdichte genannt, wird definiert als Gewicht je Volumeneinheit in festem Zustand, also so, wie es in der Natur (in situ) ansteht, inklusive des freien Porenraums, der mit Wasser oder Gas (Luft) angefüllt sein kann. Faktoren wie Wassergehalt und Korngröße verändern somit das Raumgewicht, daher sind im praktischen Einsatz häufige Materialwiegungen für die genauere Materialgewichtsbestimmung unerlässlich.

Das Raumgewicht wird in kg/m^3 angegeben. Üblich ist auch die Angabe in kg/fm^3 (fm^3 = feste Masse). Die ungefähren Raumgewichte sind der Tabelle auf Seite 23 zu entnehmen.

Auflockerung

Jedes Material, das aus seinem natürlichen Gefüge gerissen wird, wächst volumenmäßig an. Es lockert sich auf und benötigt mehr Raum. Die Zuwachsrate wird in Prozent angegeben. Sie ist stark materialabhängig. So lockert Fels mehr auf als jedes Lockergestein.

Neben der Materialart besitzt auch die Abbaumethode des Erdbewegungsgerätes (Reißraupe, Bagger, Scraper) einen gewissen Einfluss auf den Grad der Auflockerung. Hierauf wird bei den jeweiligen Abschnitten eingegangen.

Das Wissen um die Auflockerung ist bei der Erdbewegung von elementarer Bedeutung. Geladen, transportiert und geschüttet wird immer in loser Masse (lm^3), ausgeschrieben und abgerechnet jedoch in fester Masse (fm^3).

Schüttgewicht

Das Schüttgewicht lässt sich definieren als Gewicht je Volumeneinheit im losen Zustand. Es wird ebenfalls in kg/m^3 angegeben. Zur besseren Unterscheidung vom Raumgewicht sagt man kg/lm^3 (lm^3 = lose Masse).

VOLUMENZUWACHS DURCH AUFLOCKERUNG

Eine Auflistung der Raum- und Schüttgewichte sowie der Auflockerung der am häufigsten vorkommenden Materialien ist der neben stehenden Tabelle zu entnehmen.

Die dort ausgewiesenen Werte können nur Anhaltspunkte sein. Die Bestimmung dieser drei Faktoren ist auch für die Geräteauswahl sehr wichtig. Die Festlegung der Schaufelgröße hängt hiervon genauso ab wie die mögliche Ausnutzung von Transportvolumina.

Besonders in den Gewinnungsbetrieben wird ein genaues Wissen über Materialgewichte und Auflockerungen vorausgesetzt, dort wird jede Produktenförderung in t und nicht in fm^3 gerechnet.

RAUMGEWICHT, AUFLOCKERUNG, SCHÜTTGEWICHT

Material	Raumgewicht (kg/fm³)	Auflockerung (%)	Schüttgewicht (kg/lm³)
Andesit	2.650	65	1.610
Basalt	2.900	65	1.710
Diabas	2.950	65	1.790
Diorit	2.950	65	1.790
Dolomit	2.400	60	1.500
Eisenerz	3.100	18	2.600
Gabbro	2.950	65	1.790
Gips	2.200	55	1.420
Glimmerschiefer	2.800	60	1.750
Gneis	2.800	60	1.750
Granit	2.650	65	1.610
Granodiorit	2.650	65	1.610
Grauwacke	2.650	60	1.650
Holzschnitzel	850	47	450
Kalkstein	2.500	60	1.560
Kies, nat. gewachsen	2.000	12	1.790
Kies, trocken	1.700	12	1.420
Kies, nass	2.100	12	1.870
Kohle	1.400	35	900
Marmor	2.700	65	1.640
Mutterboden	1.350	40	960
Papier	650	30	500
Quarzit	2.700	65	1.640
Rhyolith	2.500	65	1.520
Sand, trocken	1.600	12	1.430
Sand, nass	2.050	12	1.830
Sand-Kies, nass	2.100	12	1.875
Sand-Kies, trocken	1.900	12	1.700
Sand-Ton, nass	2.000	25	1.600
Sandstein	2.400	65	1.600
Schlacke, gebrochen	2.950	68	1.760
Schlacke, Hochofen	2.900	38	1.800
Ton, nat. gewachsen	2.000	25	1.600
Ton, trocken	1.800	25	1.440
Tonschiefer	2.650	60	1.660
Trachyt	2.600	60	1.625

UMRECHNUNGSFORMELN

1. Berechnung der losen Masse (lm^3)

$$lm^3 = fm^3 \cdot \left(\frac{100 + \%\text{-Auflockerung}}{100} \right)$$

Beispiel:
Wie viel lm^3 ergeben 2.000 fm^3 Granit bei einer Auflockerung von 65 %?

$$2.000\ fm^3 \cdot \left(\frac{100 + 65}{100} \right) = 2.000 \cdot 1{,}65 = \mathbf{3.300\ lm^3}$$

2. Berechnung der festen Masse (fm^3)

$$fm^3 = lm^3 \cdot \left(\frac{100}{100 + \%\text{-Auflockerung}} \right)$$

Beispiel:
Wie viel fm^3 ergeben 1.800 lm^3 Sand-Kies-Gemisch bei 12 % Auflockerung?

$$1.800\ lm^3 \cdot \left(\frac{100}{100 + 12} \right) = \mathbf{1.607\ fm^3}$$

Die Auflockerungsfaktoren finden Sie in der Tabelle auf Seite 23.

3. Bestimmung des Ladefaktors

Der Ausdruck $\left(\frac{100}{100 + \%\text{-Auflockerung}} \right)$ wird auch als Ladefaktor (LF) bezeichnet.

Der Ladefaktor ist das Verhältnis zwischen fm^3 und lm^3 und ist immer kleiner als 1.

Die Formel für die Bestimmung der Festmasse bei Verwendung des Ladefaktors lautet:

$$\mathbf{fm^3 = lm^3 \cdot LF}$$

4. Hohlraumanteil

Die Ergänzung des Ladefaktors zu 1, ausgedrückt in %, ergibt den Hohlraumanteil. Die folgende Tabelle zeigt den Zusammenhang.

AUFLOCKERUNG, LADEFAKTOR, HOHLRAUM

Auflockerung (%)	Ladefaktor	Hohlraum (%)
5	0,952	4,8
10	0,909	9,1
15	0,870	13,0
20	0,833	16,7
25	0,800	20,0
30	0,769	23,1
35	0,741	25,9
40	0,714	28,6
45	0,690	31,0
50	0,667	33,3
55	0,645	35,5
60	0,625	37,5
65	0,606	39,4
70	0,588	41,2
75	0,571	42,9
80	0,556	44,4
85	0,541	45,9
90	0,526	47,4
95	0,513	48,7
100	0,500	50,0

BÖSCHUNGSWINKEL VON SCHÜTTGUT

Material	Böschung	Grad
Erde, trocken	1 : 2,8 bis 1 : 1,0	20 – 45
Erde, feucht	1 : 2,1 bis 1 : 1,0	25 – 45
Erde, nass	1 : 2,1 bis 1 : 1,7	25 – 30
Sand, trocken	1 : 2,8 bis 1 : 1,7	20 – 30
Sand, feucht	1 : 1,8 bis 1 : 1,0	30 – 45
Sand, nass	1 : 2,8 bis 1 : 1,0	20 – 45
Kies, abgestuft	1 : 1,7 bis 1 : 1,0	30 – 45
Sand und Ton	1 : 2,8 bis 1 : 1,4	20 – 35

1.2.2 SCHÜTTWINKEL, NATÜRLICHE BÖSCHUNGSWINKEL

Jedes Schüttgut bildet beim Absetzen einen ganz spezifischen Böschungswinkel, abhängig von Korngröße, Kornform und Kornabstufung sowie seiner Konsistenz. Allgemein gültige Werte lassen sich folglich nicht geben, allenfalls Schwankungsbreiten, wie obige Tabelle zeigt.

Bei losen, trockenen Böden wird der Böschungswinkel nur von der Reibung zwischen den Einzelkörnern beeinflusst, er ist unabhängig von der Böschungshöhe. Bei bindigen Böden treten zusätzliche Kchäsionskräfte auf. Hier können die Böschungen durchaus steiler sein, jedoch spielt nun auch die Böschungshöhe eine wichtige Rolle. Mit zunehmender Böschungshöhe muss ein flacherer Böschungswinkel gewählt werden. Genauere Aussagen lassen sich nur nach speziellen bodenmechanischen Untersuchungen machen.

Eine besondere Bedeutung ergibt sich aus sicherheitstechnischer Sicht. Es sei daher auf die einschlägigen Vorschriften hingewiesen, u. a. auf die Unfallverhütungsvorschriften der Tiefbau-Berufsgenossenschaft sowie die DIN 4142 (Baugruben und Gräben, Böschungen, Arbeitsraumbreiten, Verbau).

2

Lösen

Von einem Lösen des Materials spricht man, wenn besondere Anstrengungen erforderlich sind, den inneren, mineralisch gebundenen Zusammenhalt des Materials zu überwinden. Dies trifft insbesondere auf die Böden der Bodenklassen 6 und 7 zu, also auf alle Felsarten, für deren Einstufung der Zustand beim Lösen maßgeblich ist. Dieses Kapitel soll auf diesen Bereich beschränkt bleiben.

Das Lösen der leicht, mittel und schwer lösbaren Erdstoffe der Bodenklassen 3 bis 5 wird beim Kapitel „Laden" mitbehandelt, da man bei diesen Böden im maschinellen Erdbau kaum zwischen Lösen und Laden trennen kann.

2.1 BOHREN UND SPRENGEN

Die vorherrschende Lösetechnik im Steinbruch und im Tagebau auf Festgestein ist das Bohren und Sprengen (bergmännisch: Schießen).

Die Gewinnungssprengung erfolgt überwiegend als Großbohrlochsprengung (über 12 m Tiefe, Bohrlochdurchmesser über 65 mm). Das Sprengen setzt eine genaue Kenntnis der Lagerstätte voraus, allgemein gültige Aussagen sind kaum möglich.

Bei Sprengungen für bautechnische Zwecke kommt meist das Strossensprengverfahren mit Strossenhöhen bis 10 m zur Anwendung mit Bohrlochdurchmessern von 25 bis 65 mm. Entsprechend der Bauaufgabe variieren die Sprenganlagen. Es kann sich um eine Einschnitt- oder Anschnittsprengung, eine Baugruben- oder Grabensprengung oder auch um eine Spaltsprengung für die Herstellung von Endböschungen handeln.

Auf all diese Punkte einzugehen hieße, den Rahmen der „Grundlagen der Erdbewegung" zu sprengen. Was bleibt, ist der Hinweis auf das einschlägige Schriftgut, das über das Bohren und Sprengen verfügbar ist.

GESCHICHTETER KALKSTEIN MIT AUSGEPRÄGTER KLÜFTUNG

2.2 REISSEN VON FELS

Das mechanische Lösen von Fels, speziell das Reißen mittels schwerer Reißraupen oder Hydraulikbagger, ist eine im Erdbau und im Gewinnungsbetrieb bedeutende Anwendungstechnik. Sie setzt wie kaum ein anderes Verfahren spezielle Kenntnisse über das Wechselspiel zwischen Maschine und Material voraus. Eine Reihe von Gründen spricht gegen das Bohren und Sprengen und für die Alternative Reißen. Einige wenige sollen erwähnt sein:

- Umweltbelastungen wie Sprengerschütterungen, Steinflug und Lärm können im bebauten Gebiet ein Sprengen verbieten.
- Der sicherheitstechnische Aufwand beim Sprengen kann überproportional hoch sein, besonders bei kleineren Felsarbeiten im Erdbau.
- Das Sprengen verlangt Spezialisten wie den Bohr- oder Sprengmeister, der bei Tiefbaufirmen häufig nicht vorhanden ist, sodass auf Spezialfirmen zurückgegriffen werden müsste.
- Im Gewinnungsbetrieb wird teilweise ein Vorhomogenisierungseffekt gewünscht, der durch das Reißen ermöglicht wird.
- Die Lagerstätte verfügt über besonders wertvolle Bereiche, die selektiv gewonnen werden sollen.
- Das Bohren und Sprengen in stark gestörten, geklüfteten oder ausgeprägt geschichteten Lagerstätten kann sich schwierig gestalten, die Ergebnisse können unbefriedigend sein.

2.2.1 BEURTEILUNG DER REISSBARKEIT

Schon die Definition der Reißbarkeit erweist sich als sehr schwierig. Eine einigermaßen aussagefähige Antwort kann wohl nur der erfahrene Spezialist geben unter Begutachtung der geologischen und topographischen Verhältnisse und unter Zuhilfenahme spezieller Untersuchungsverfahren wie z. B. dem Seistest.

Die Frage der Reißbarkeit eines Materials lässt sich ohne den praktischen Versuch bis heute noch nicht exakt beantworten. Die Geräteentwicklung machte zwar von dem gezogenen, 3,5 t schweren Aufreißer, wie er 1931 beim Hoover-Staudamm in den USA eingesetzt worden ist, bis hin zur heutigen 100 t schweren Reißraupe oder dem 300 t schweren Hydraulikbagger gewaltige Fortschritte. Aber bei weitem nicht alle Felsarten lassen sich mechanisch lösen, und zwar in dem Umfang lösen, dass sich eine wirtschaftliche Alternative zum Sprengen ergibt.

Der praktische Reißversuch muss jedoch aus Kostengründen dem wirklich großen Bauvorhaben vorbehalten bleiben.

Günstige Voraussetzungen für ein mechanisches Lösen können bei folgenden Verhältnissen vorliegen:

- starke Klüftung und Störungszonen
- Verwitterung, Durchfeuchtung
- ausgeprägte Schichtung
- geringe Schichtstärke
- niedrige Gesteinsfestigkeit
- niedrige seismische Wellengeschwindigkeit.

2.2.2 SEISMISCHE BODENUNTERSUCHUNG

Als wichtige und sehr brauchbare Untersuchungsmethode hat sich der Seistest erwiesen, der dank moderner Elektronik eine hohe Präzision erreicht.

Die seismische Untersuchung zeigt den Grad der Verfestigung des Materials an. In Verbindung mit einem Materialaufschluss lässt sich eine einigermaßen genaue Aussage über die Reißbarkeit treffen.

Das Prinzip der seismischen Analyse oder der Refraktionsseismik ist einfach. Es basiert darauf, dass die Zeit festgestellt wird, die eine Energiewelle benötigt, um durch die unterschiedlichen Materialien zu dringen. Dabei gilt: Je kürzer die gemessene Zeit, also je höher die Geschwindigkeit, desto dichter und damit auch fester und härter das Material.

Durchführung des Seistests

Die seismische Welle wird durch einen Hammerschlag auf eine Metallplatte erzeugt, wobei die Schlagstelle in verschiedene, genau bestimmte Abstände zum Empfangsgerät, dem Geophon, gebracht wird. Das Zeitintervall zwischen Aufschlag und Empfang kann am Messgerät, dem Seismographen, direkt abgelesen werden.

Der Test ist auf einer geraden, möglichst ebenen Linie auszuführen. Diese Strecke sollte etwa drei- bis viermal so lang sein wie die Stärke der zu untersuchenden Gesteinsschicht.

Die Hammerschlag-Seismik reicht im Allgemeinen für Tiefen von 10 bis 15 Metern aus, im homogenen, ungestörten Gebirge auch schon mal bis 30 Meter.

Es wird jeweils die erste seismische Welle, die am Geophon ankommt, gemessen. Es kann die sein, die die kürzeste Entfernung zurückgelegt hat, aber auch diejenige, die über eine längere Entfernung mit entsprechend höherer Geschwindigkeit gelaufen ist (s. Bild unten).

Die ausgezogenen Linien im Diagramm stellen die Wellen dar, die vom Geophon aufgenommen worden sind.

VERLAUF SEISMISCHER WELLEN

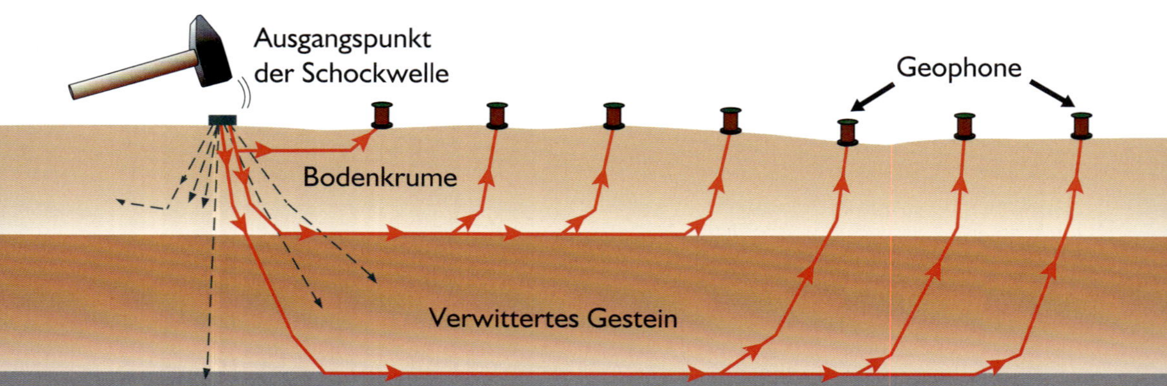

MATERIALSCHICHTEN UNTERSCHIEDLICHER DICHTE

Aus der Entfernung und der gemessenen Zeit lässt sich nun ein Geschwindigkeitsdiagramm aufbauen:

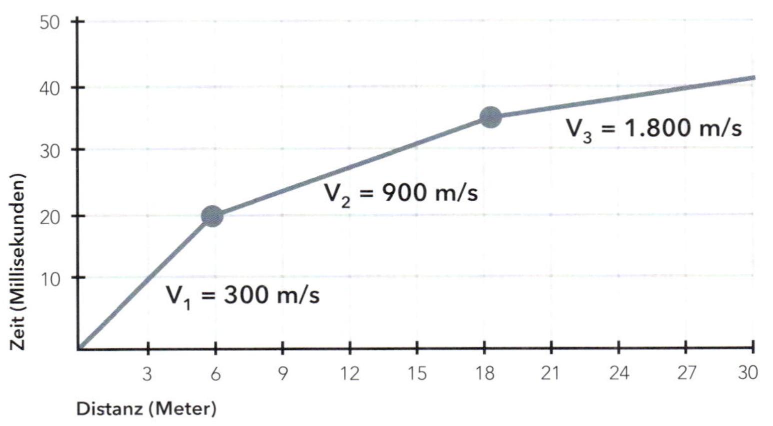

SEISMISCHE WELLEN-GESCHWINDIGKEIT

Die Messwerte sollten bei gleichem Material generell auf einer Linie liegen. Sobald die Linie abflacht, also die Geschwindigkeit ansteigt, erhält man ein Indiz dafür, dass ein tieferes, dichteres Material erreicht ist.

Auswertung des Seistests
Der Baumaschinenhersteller Caterpillar hat für seine Geräte nach vielen Versuchen und praktischen Reißeinsätzen eine Zuordnung von seismischer Wellengeschwindigkeit und Reißfähigkeit für die am häufigsten vorkommenden Materialien vorgenommen (s. Bild unten).

Der Seistest ermöglicht neben der Ermittlung des Verfestigungsgrades auch die Bestimmung der Stärke jeder einzelnen Schicht.

Die Formel, nach der die Schichtstärkenberechnung durchgeführt werden kann, lautet:

$$D = \frac{X}{2} \sqrt{\frac{(V_2 - V_1)}{(V_2 + V_1)}}$$

Hierbei bedeuten:
D = Tiefe
X = „Kritische Distanz", d. h. die Distanz, über die Schockwellen gleichzeitig, aber über unterschiedliche Wege beim Geophon ankommen (Schnittpunkt von V_1 und V_2)
V_1 = Geschwindigkeit der oberen Schicht
V_2 = Geschwindigkeit der nächstunteren Schicht
Tiefer liegende Schichten werden analog bestimmt.

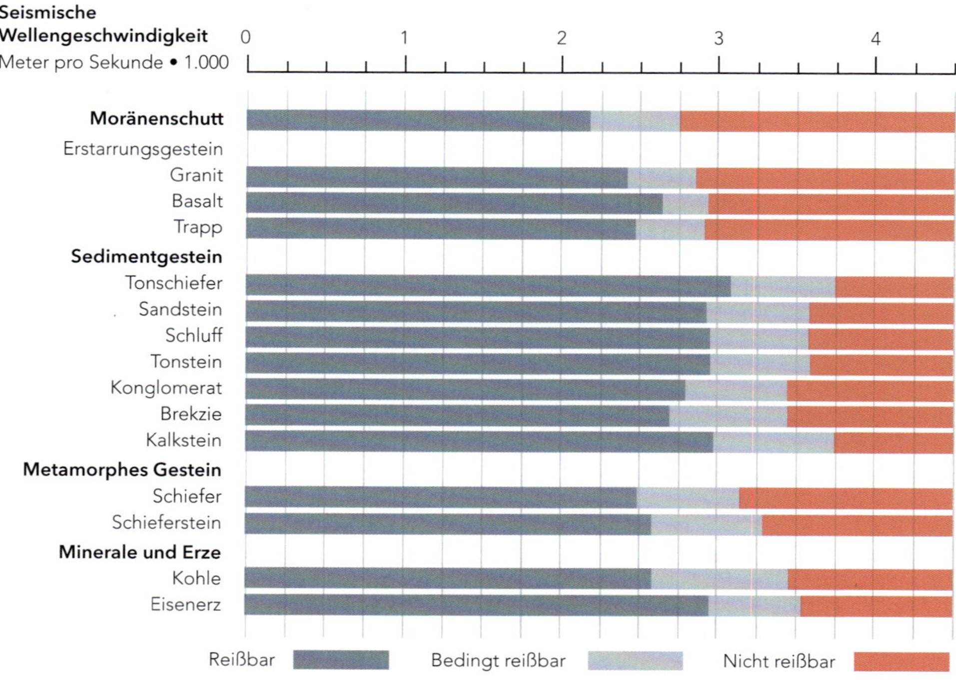

Die Refraktionsseismik lässt sich jedoch nur anwenden, wenn die Geschwindigkeit in den einzelnen Schichten zur Tiefe hin zunimmt. Sie liefert die genauesten Ergebnisse bei Parallellage der einzelnen Schichten zur Oberfläche. Dies kann man überprüfen, indem man die Richtung des Tests umkehrt. Man erhält eine spiegelbildliche Kurve:

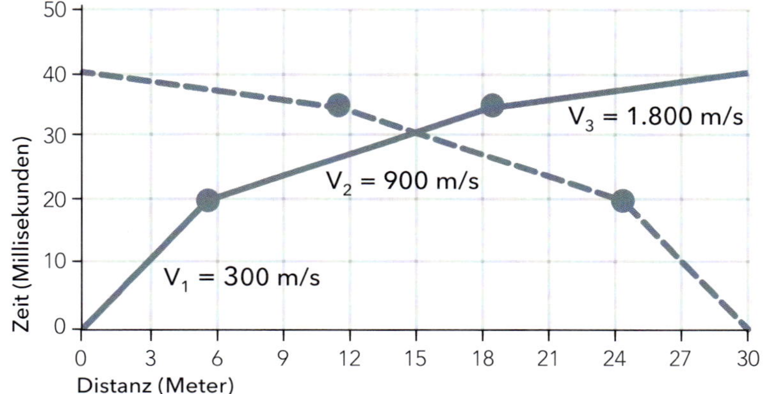

SEISMISCHE RÜCKWÄRTS-MESSUNG

Es empfiehlt sich, den Seistest generell in beiden Richtungen durchzuführen. Dies ermöglicht nicht nur die Feststellung sich verändernder Schichtstärken bei nichtparalleler Materiallage, sondern liefert auch eine genauere Kenntnis der Struktureigenschaften der unter der Oberfläche liegenden Schichten.

Die Interpretation des Seistests bezüglich der Reißfähigkeit setzt große Erfahrung voraus, gerade dann, wenn der Fels nicht homogen und isotrop ist, was oft genug der Fall ist. Die Erfahrung darf sich nicht nur auf den geologisch-geophysikalischen Bereich erstrecken – in gleichem Maße muss ein Wissen über das Reißen vorhanden sein. Nur nach zahlreichen Reißtests und Untersuchungen tatsächlicher Reißeinsätze lässt sich eine einigermaßen aussagefähige Zuordnung von seismischen Laufgeschwindigkeiten zum Reißen durchführen.

Noch mehr Erfahrung wird benötigt bei der Geräteauswahl, der Größenbestimmung und bei der Festlegung der erforderlichen Ausrüstungen, insbesondere auch bei der Leistungs- und Kostenschätzung.

Bei den Bodenklassen 3 bis 6 wird ein Seistest kaum erforderlich, eine Zuordnung ist der nachfolgenden Tabelle zu entnehmen.

WELLENGESCHWINDIGKEIT – MATERIAL – WERKZEUG

V_s [m/s]	Bkl.	Bezeichnung	Lösbar mit
300 – 500	3	Leichter Boden a) nicht bis schwach bindig b) Sand, Kies, Schluff	Schaufel
500 – 800	4	Mittelschwerer Boden a) bindig, leicht plastisch b) Lehm, Löß, Mergel, Geröll	Spaten, Radlader
800 – 1.200	5	Schwerer Boden a) stark bindig, zäh b) Ton, Steine über 30 cm Durchmesser	Kettenlader, Mobilbagger, Kettenbagger bis ca. 17 t
1.200 – 1.700	6	Leichter Fels a) Lockergestein b) stark klüftiger und fester oder angewitterter mürber Fels	Kettendozer bis ca. 25 t (V_s bis 1.400 m/s) Kettenbagger (17 – 25 t) (V_s bis 1.600 m/s)
1.700 – 1.900	7	Schwerer Fels a) klüftig b) dünnbankig fest oder dickbankig mürb	Kettenbagger (40 – 70 t) (V_s bis 1.800 m/s) Kettendozer (40 – 50 t) (V_s bis 1.800 m/s)
1.900 – 2.300	7	Schwerer Fels a) schwach klüftig b) Ergussgesteine, grobstückig c) Findlinge, eng verzahnt	Kettendozer (50 – 60 t) (V_s 2.100 m/s)
2.300 – 3.000	7	Nahezu geschlossen anstehend, dicht gelagert	Kettendozer (60 – 70 t) (V_s bis 2.600 m/s) Kettendozer (über 80 t) (V_s bis 3.000 m/s)
über 3.000	7	Geschlossen anstehend, sehr dicht	Sprengen!

PENDELLAUFWERK MIT VERZAHNUNG IM UNTERGRUND

2.2.3 REISSGERÄTE UND AUSRÜSTUNG

Reißraupen (Kettendozer)
Beim mechanischen Lösen von Fels durch horizontales Aufreißen werden schwere Kettendozer eingesetzt mit entsprechend hoher Motorleistung und vor allem hohem Drehmoment und gutem Drehmomentanstieg.

Die Reißkraft wird maßgeblich bestimmt durch das Maschinengewicht und den Bodenschluss. Für Felsböden, die eine seismische Geschwindigkeit von über 1.600 m/s aufweisen, sollten Reißgeräte mit mindestens 50 t Einsatzgewicht vorgesehen werden. Leichtere Kettendozer würden mechanisch überproportional beansprucht werden, sodass schon aus Sicht der Reparaturkosten kein wirtschaftliches Reißen möglich wäre, ganz zu schweigen von der niedrigen Reißleistung.

Der Bodenschluss ist materialabhängig. Beim Reißen ist anzustreben, dass die Laufwerkskette auf ganzer Länge Kontakt mit dem Boden behält, was jedoch bei Kettendozern mit starrem Laufwerk nicht immer möglich ist. Dies ist ein Grund, warum z. B. die Firma Caterpillar ihre schweren Kettendozer mit Pendelträgerlaufwerken ausrüstet, wodurch sich die Ketten „wie eine Raupe" dem Untergrund anpassen. Der Reibbeiwert (Kette/Boden) erhöht sich gegenüber konventionellen Laufwerken deutlich.

Aufreißerkonstruktionen

Schwenk- oder Radialaufreißer

Beim Schwenkaufreißer steckt der Reißzahn direkt in einer senkrechten Führung des Zugbalkens. Wenn dieser gehoben oder gesenkt wird, dann verändert sich mit dem Balken auch die Neigung des Reißzahns im Verhältnis zum Boden und damit der Reißwinkel. Der Abstand der Zahnspitze vom Heck des Kettendozers bleibt konstant. Diese Aufreißerart ist an ihrem hinteren Ende schmal ausgelegt und wird vorwiegend dort verwendet, wo geschichtetes, aber großplattiges, gebanktetes Material gerissen wird.

Schwenkaufreißer bieten einen aggressiven Einstechwinkel und erleichtern das Eindringen, sie können aber nicht auf wechselnde Einsatzbedingungen eingestellt werden.

Verstellbarer Schwenk- oder Radialaufreißer

Der verstellbare Aufreißer bietet neben einem größeren Reißwinkelbereich auch eine größere Reichweite. Die Anlenkung des Verstellzylinders ist bei dieser Bauform, im Gegensatz zum verstellbaren Parallelogrammaufreißer, nicht parallel zum Zugbalken.

Der Einstechwinkel ist günstig. Während des Reißens ergibt sich durch die Möglichkeit der Reißwinkelverstellung eine bessere Anpassung an die Schichtverhältnisse.

Parallelogrammaufreißer

Die Konstruktion des Parallelogrammaufreißers gewährleistet, dass der senkrecht im drehbaren Querbalken gelagerte Aufreißzahn beim Heben und Senken des Zugbalkens in jeder Reißtiefe stets einen konstanten Reißwinkel mit dem Boden bildet. Er weist jedoch nicht den aggressiven Einstechwinkel auf, wie er zum Eindringen in hartes Gestein wünschenswert und nötig wäre.

Verstellbarer Parallelogrammaufreißer

Durch Ersetzen der beiden Längsstreben über dem Zugbalken durch zum Zugbalken parallele Hydraulikzylinder

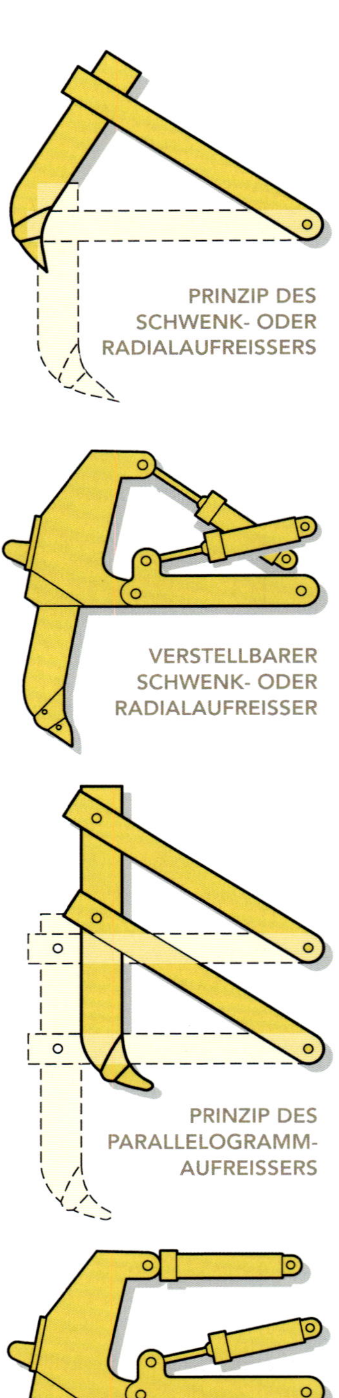
PRINZIP DES SCHWENK- ODER RADIALAUFREISSERS

VERSTELLBARER SCHWENK- ODER RADIALAUFREISSER

PRINZIP DES PARALLELOGRAMM-AUFREISSERS

VERSTELLBARER PARALLELOGRAMM-AUFREISSER

erhält man den verstellbaren Parallelogrammaufreißer. Diese Konstruktion ermöglicht eine Verbesserung des Eindringens, da der Reißzahnwinkel über die Vertikalposition hinaus verändert werden kann. Zusätzlich kann auch der Reißwinkel verändert und der jeweiligen Bodenart und der wechselnden Reißtiefe angepasst werden.

Aufreißzahn

Der Aufreißzahn, auch Schenkel oder Ripper genannt, ist das eigentliche Reißwerkzeug. Er dringt in das Gestein ein und verdrängt es bei der Fortbewegung des Kettentraktors nach oben und zur Seite.

Bei schweren Reißeinsätzen werden gerade Reißzähne ausgewählt, da sie die besten Reißleistungen ermöglichen. Sie bieten gleichzeitig den höchsten Widerstand gegen die hohen mechanischen Beanspruchungen.

Der Reißschenkel wird in die senkrechte Führung im Innern des Balkens von unten her eingesetzt. Er kann vertikal verschoben werden. Die Sicherung erfolgt durch einen hydraulisch betätigten Haltebolzen. Die richtige Position des Reißzahns in seiner Führung ist dann erreicht, wenn sich der Zugbalken bei jeweils möglicher Reißtiefe in waagerechter Stellung befindet, sprich parallel zur Reißfläche. Falls der Zahn auch in seiner kürzesten, höchsten Position, also mit der geringsten Reißtiefe, nicht mehr durch den Fels gezogen werden kann, ist die Grenze der Reißbarkeit erreicht.

Für schwere Reißeinsätze werden ausschließlich Einzahnaufreißer ausgewählt. Mehrzahnaufreißer erfordern ein relativ brüchiges Gestein. Muss parallel zu einer Wand gerissen werden, dann eignet sich gegebenenfalls der Zweizahnaufreißer. Spezielle Tiefreißzähne dürfen nur für leichtes Material wie Tonstein oder Kohle ausgewählt werden.

Zusätzlich an der Zahnvorderkante angebrachte Zahnschutze gegen Verschleiß erhöhen die Nutzungsdauer wesentlich.

Zahnspitzen

Am unteren Ende des Aufreißzahns ist die auswechselbare Zahnspitze montiert. Sie hat die Aufgabe, in die Klüfte der Felsschichten einzudringen, das gelöste Material zu unterfahren und auf den kräftigeren Zahnschenkel weiterzuleiten.

Die Zahnspitze ist starken Stoß- und/oder Abriebbelastungen ausgesetzt. Man unterscheidet:

1. kurze Spitze für extreme Stoßbelastung und wenig Verschleiß
2. lange Spitze bei hohem Verschleiß und geringer Stoßbelastung
3. mittlere Spitze als Kompromiss bei mittleren Beanspruchungen.

Nach Möglichkeit sollte man immer die längste Zahnspitze verwenden, sofern sich ohne ein häufiges Brechen der Zahnspitze arbeiten lässt.

2.2.4 GESTALTUNG DES REISSEINSATZES

Beschaffenheit der Reißfläche
Von großer Bedeutung für die Leistung und die Kosten, aber auch für die wirtschaftliche Nutzungsdauer des Gerätes ist die Beschaffenheit der Arbeitsfläche. Die Fläche sollte möglichst gleichmäßig und eben sowie frei von Hindernissen sein. Der Ausgleich starker Unebenheiten vor der eigentlichen Aufreißarbeit macht sich mehr als bezahlt.

Die Reißfläche sollte so groß sein, dass die Reißraupe stets ausreichend Bewegungsfreiheit behält; das gilt auch und besonders in tiefen Einschnitten. Das Gerät muss auf der Sohle von Einschnitten und seitlichen Hanganschnitten in der Lage sein, die Spur zu versetzen und Hindernissen auszuweichen. Dabei darf es mit dem Schild oder dem Aufreißzahn nicht an der Böschung streifen oder womöglich in eine unerwünschte Schräglage kommen.

Breite der Reißfläche
Quer zur Fahrt- und Reißrichtung sollten auch auf der tiefsten Sohle von Einschnitten noch mindestens 2 bis 3 Schildbreiten zur Verfügung stehen. Bei Beginn tiefer Einschnitte ist deshalb der zusätzliche Raumbedarf für Böschungen zu berücksichtigen.

Man sollte die Einschnittsböschungen nicht zu steil anlegen, im Fels vielleicht 1 : 1, damit eventuell herabfallende Felsbrocken den Fahrer und die Maschine nicht gefährden. Eine derartige Böschung gewährleistet außerdem, dass der Kettendozer bei Längsfahrt entlang dem jeweiligen Böschungsfuß immer waagerecht auf der Sohle bleibt, ohne mit dem Schild die Böschung zu streifen und zu beschädigen. Bei nicht zu steiler Böschung bleibt dann noch genügend Raum für den Aufreißzahn, um den Böschungsfuß quer zur Böschungslinie mit waagerecht stehendem Gerät von der Sohle aus ungehindert zu erreichen.

Länge der Reißfläche
Bei größeren Einschnitten und Abtragstiefen spielt auch die Länge der Reißfläche eine wichtige Rolle für einen unbehinderten Arbeitsablauf.

Bis zum Erreichen der vollen Reißtiefe benötigt der Aufreißzahn oft einige Meter Fahrweg der Reißraupe, da deren Gewicht allein meist nicht ausreicht, den Zahn in den Untergrund zu drücken. Vielmehr muss die zusätzliche Zugkraft des Kettendozers den Ripperzahn in das Material hineinziehen. Aus diesem Grunde senkt man den Zahn schon etwa eine Gerätelänge vor der zu reißenden Felspartie. Dies gilt insbesondere bei geschlossenen Felsbänken.

MINDESTBREITE DER REISSFLÄCHE IN EINSCHNITTEN

Je länger die einzelnen ununterbrochenen Reißfurchen sind, desto größer ist der Anteil produktiver Reißarbeit im Verhältnis zum Manövrieren der Reißraupe und Ansetzen des Zahns. Nach dem Reißen muss das Material aber auch abgeschoben werden. Zu große Schubentfernungen könnten dann die Wirtschaftlichkeit des Reißeinsatzes gefährden.

Eine Reißfurchenlänge von 80 – 100 m auf horizontaler Fläche erscheint als brauchbarer Kompromiss zwischen möglichst langer Reißstrecke und möglichst kurzer Schubentfernung.

Bei größeren Einschnitten und Abtragsmengen sollte nach Möglichkeit erst die gesamte Fläche gleichmäßig aufgerissen werden, bevor das gelöste Material abgeschoben wird. Andernfalls behält eine ungleichmäßig abgetragene Fläche zu starke Unebenheiten, die das nachfolgende Aufreißen erschweren.

Es soll erwähnt sein, dass in einigen Fällen der Rohstoffgewinnung größere Abtragsflächen nicht wünschenswert sind wegen einer möglichen Durchfeuchtung des Materials bei Niederschlag. Ein durchfeuchteter Kalkstein als Ausgangsmaterial für die Kalk- und Zementherstellung könnte zum Verkleben der Siebe führen. Außerdem wäre ein größerer Energieaufwand beim Brennen erforderlich.

Am Ende jeder Reißfurche darf der Zahn nur in Vorwärtsfahrt ausgehoben werden. Er sollte schon vor Beginn der Rückfahrt voll angehoben sein, damit die Zahnspitze beim Zurücksetzen der Reißraupe keine Stöße durch herumliegende Felsbrocken erhält. Schwere Brüche wären sonst die mögliche Folge. Dieser zusätzliche Wegebedarf fließt ebenfalls in die Planung einer Reißfläche ein, man rechnet dabei mit einer Gerätelänge.

Wenn das aufgerissene Material nicht über die Bruchkante abgesetzt werden kann, sondern auf Haufwerkshaufen am Ende der Reißfläche geschoben wird, ergibt sich ein zusätzlicher Flächenbedarf. Das gelöste Material sollte so weit von der Reißfläche entfernt abgesetzt werden, dass der Zahn ausgehoben werden kann und zusätzlich ca. eine Gerätelänge zum Manövrieren verbleibt.

Bei der Festlegung der Reißlänge ist man also gut beraten, der Reißfurchenlänge etwa 20 – 25 m Entfernung hinzuzuaddieren.

Neigung der Reißfläche

In vielen Einsätzen kann die Reißleistung gesteigert werden durch eine Längsneigung der Reißfläche, also eine Neigung in Fahrtrichtung. Hierdurch wird der natürliche Gefälleschub vorteilhaft ausgenutzt.

Im Fels sind steilere Neigungen als 1 : 3 zu vermeiden, um die Bodenhaftung des Kettendozers bei der Rückwärtsfahrt bergauf noch voll zu nutzen.

Bei längsgeneigtem Reißen sollte die Reißfurchenlänge 120 m nicht überschreiten (30 m Wandhöhe, Neigung 1 : 4).

In geschichteten, plattenförmigen Materialien kann durchaus auch einmal das Reißen hangaufwärts Vorteile bringen. Hierdurch wird der Abwärtsdruck des Maschinenhecks erhöht, außerdem kommt man möglicherweise besser unter die Schollen.

! JEDE NEIGUNG QUER ZUR REISSRICHTUNG MUSS TUNLICHST VERMIEDEN WERDEN.

Es können dabei nicht nur Schäden am Laufwerk und Reißzahn wegen einseitiger Belastung verursacht werden, auch ein seitliches Abrutschen des gesamten Gerätes wäre möglich.

Reißrichtung

Die einzelnen Reißfurchen werden nicht wahllos im Gelände verteilt, sondern von einer bestimmten Seite her oder von der höchsten Stelle aus begonnen und dann systematisch und parallel zu den vorhergehenden Furchen fortgesetzt.

Bei großen, freiliegenden Flächen mit geringer Abtragstiefe wird die optimale Reißrichtung meist durch die Lagerung und Klüftung des Materials bestimmt, in der die beste Reißwirkung erzielt wird.

Wenn in seitlich begrenzten Flächen und tieferen Einschnitten gearbeitet wird, sollte stets an den beiden Außenseiten des Einschnittes, also an den späteren Böschungsoberkanten, mit dem Aufreißen begonnen werden. Dadurch kann die Reißraupe beim Abtrag der nachfolgenden Schichten immer waagerecht und im erforderlichen Parallelabstand zur Böschung geführt werden.

Bei gewölbten Oberflächen und bei seitlichen Hanganschnitten sollte der Abtrag an den höher gelegenen Flächen beginnen. Mit zunehmender Tiefe erstellt man dadurch bald eine waagerechte, breite Fläche, die dem Gerät ausreichende und sichere Bewegungsfreiheit bietet.

2.2.5 BESTIMMUNG DER REISSLEISTUNG

Ermittlung der Reißleistung aus Leistungsdiagrammen
Leistungsangaben können ohne den praktischen Versuch mit entsprechender Leistungsaufnahme nur Schätzungen sein.

Die Firma Caterpillar hat für ihre Reißgeräte Leistungsdiagramme entwickelt, die auf praktischen Einsätzen in einer Vielzahl von Gesteinsarten beruhen. In Korrelation zur seismischen Geschwindigkeit ergeben sich für die Reißraupe CAT D10T als Beispiel die folgenden Leistungskurven:

REISSLEISTUNGEN
CAT D10T

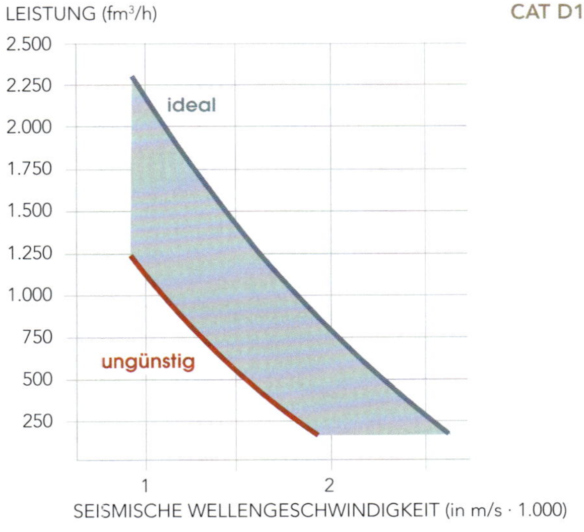

LEISTUNG (fm^3/h)
2.500
2.250
2.000
1.750
1.500
1.250
1.000
750
500
250
ideal
ungünstig
1
2
SEISMISCHE WELLENGESCHWINDIGKEIT (in m/s · 1.000)

Die Kurven basieren darauf, dass die Geräte die volle Zeit ausschließlich reißen, also kein Material abschieben. Der Wirkungsgrad beträgt 100 Prozent, was einer 60-Minuten-Stunde entspricht.

Die obere Leistungskurve gilt für das Reißen unter ausschließlich idealen Bedingungen. Die untere der beiden Kurven zeigt die Leistung unter ungünstigen Bedingungen an. Hierzu gehören dickbankiger Fels, aber auch Gestein, das steil bis vertikal gelagert ist.

Die Kurven gelten für alle Materialien als Materialmix, jedoch sollten bei Eruptivgestein 25 Prozent abgezogen werden, sofern die seismische Geschwindigkeit über 1.600 m/s geht. Zwischen der idealen und der ungünstigen Kurve liegen Leistungsdifferenzen von 100 bis über 300 Prozent. Dies zeigt sehr deutlich die Schwierigkeit der Leistungsschätzung auf und stellt die Reißleistungdiagramme wie im Bild links als grobe Schätzung unter idealsten Bedingungen dar.

Rechnerische Bestimmung der Reißleistung
Die Reißleistung ergibt sich aus der Berechnung des Volumens pro Reißdurchgang und der dafür benötigten Zeit sowie aus der Anzahl der Reißdurchgänge pro Stunde.

Volumen pro Reißdurchgang
Das Volumen erhält man aus der Multiplikation von Reißfurchenlänge, Reißfurchenabstand und Reißtiefe.

1. Reißfurchenlänge
Unter Berücksichtigung wirtschaftlicher Abschubentfernungen sollte die Länge einer Reißfurche auf horizontaler Fläche, wie gesagt, im Allgemeinen 80 – 100 m nicht überschreiten.

2. Reißfurchenabstand
Je näher die nachfolgende Reißfurche parallel zur vorherigen verläuft, desto leichter kann der Fels nach der bereits aufgelockerten Seite hin ausweichen. Im Allgemeinen beträgt der Abstand der Reißfurchen 0,8 – 1,0 m.

3. Reißftiefe
Die mögliche Reißtiefe hängt in hohem Maße von der Beschaffenheit des zu lösenden Materials und der Größe des eingesetzten Gerätes ab. Im schweren Fels ist mit Reißtiefen von 0,2 – 0,8 m zu rechnen.

Zeit pro Reißdurchgang

1. Lastfahrt
Bei schwerer Arbeit im Reißeinsatz ist Kraft wichtiger als Geschwindigkeit. Bei Reduzierung der Motordrehzahl wird zwar die Geschwindigkeit herabgesetzt, dafür aber das Drehmoment erhöht und damit die zum Reißen verfügbare Kraft.

Das unten stehende Diagramm zeigt beispielhaft das Zusammenwirken von Zugkraft und Geschwindigkeit für den Kettendozer CAT D10T.

Eine reduzierte Drehzahl des Motors im 1. Gang reicht beim Aufreißen meistens vollkommen aus. Sie ist sogar wirkungsvoller und verhindert ein Durchdrehen der Ketten auf unebener Felsoberfläche.

Die Reißgeschwindigkeit wird im normalen Reißeinsatz bei 1,5 – 2,5 km/h liegen.

2. Leerfahrt
Zur Vermeidung unnötiger Stoßbelastungen für Fahrer, Laufwerk und Gesamtgerät sollte auch bei der Rückfahrt der 1. Gang gewählt werden, sofern ein Kettendozer mit starrem Laufwerk zum Einsatz kommt. Die möglichen Fahrgeschwindigkeiten liegen um 3,0 – 4,0 km/h. Pendelnde Laufwerke passen sich dem unebenen Untergrund besser an, derart ausgerüstete Geräte lassen meist ein Fahren im 2. Gang mit 5,0 – 6,0 km/h zu.

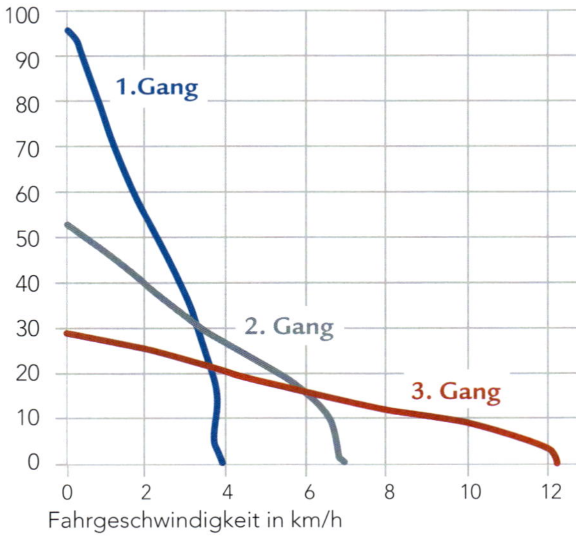

ZUGKRAFT-GESCHWINDIGKEITS-DIAGRAMM CAT D10T

DOZER MIT PENDELLAUFWERK

3. Richtungswechsel

Last- und Leerfahrten wechseln nach jedem Reißdurchgang, wobei die Reißraupe jeweils zum Stillstand kommt. Es wird eine gewisse Zeit benötigt, um den Ripper ins Material zu tauchen bzw. ihn voll auszuheben.

Pro Reißfurche sollte man etwa 0,2 min für den Richtungswechsel berücksichtigen.

Wirkungsgrad

Beim Gewinnungsreißen im Festgesteinstagebau, im Steinbruch sowie beim schweren Felsbau ist zu beachten, dass das Aufreißen von Fels mit schweren Kettentraktoren zu den Arbeiten gehört, die Mensch und Maschine sehr stark beanspruchen. Dies wird bei der Leistungsbestimmung berücksichtigt, indem man von einem reduzierten Leistungsgrad ausgeht.

Ein Ansatz von 75 % erscheint realistisch, d. h. aus der 60-Minuten-Stunde wird eine 45-Minuten-Stunde.

Beispiel zur Berechnung der Reißleistung

Die rechnerische Bestimmung der Reißleistung soll an einem Beispiel aufgezeigt werden (siehe Berechnung rechts).

Es handelt sich um die reine Reißleistung. Das Abschieben des gerissenen Materials beansprucht in vielen Fällen weit mehr Zeit als das Reißen. Auf die Abschubleistungen von Kettendozern wird im Kapitel „Transport" eingegangen.

Reiche Erfahrung wird benötigt, um die richtigen Ausgangswerte in die Berechnung von Reißleistungen einzusetzen. Die ausgewählten Parameter für die neben stehende Berechnung gelten als Beispiel für einen leicht reißbaren Kalkstein, der kleinstückig anfällt.

ANNAHMEN

Gerät: CAT D10T, ausgerüstet mit verstellbarem Einzahn-Parallelogrammaufreißer.

Material: schichtig und söhlig gelagerter Kalkstein mit einer seismischen Wellengeschwindigkeit von 2.000 m/s

Reißfurchenlänge: 80 m

Reißfurchenabstand: 1,0 m

Reißtiefe: 0,6 m

Reißgeschwindigkeit: 2,5 km/h

Rückfahrgeschwindigkeit: 6,0 km/h

Zeit für Fahrtrichtungswechsel: 0,2 min

Wirkungsgrad: 75 %, ≙ 45 min/h

BERECHNUNG

1. Bestimmung des Volumens pro Durchgang

V = Reißlänge · Furchenabstand · Aufreißtiefe

V = 80 m · 1,0 m · 0,6 m = **48 fm³**

2. Bestimmung der Zeit pro Durchgang

Reißzeit pro m:

$$t_{reiß} = \frac{60 \text{ min}}{2.500 \text{ m}} = \mathbf{0{,}024 \text{ min/m}}$$

Reißzeit pro Durchgang:

$t_{reiß}$ = 80 m · 0,024 min/m = **1,92 min**

Anmerkung: Die Rechenarbeit kann erleichtert werden, wenn man mit dem Faktor 0,06 rechnet, der sich aus der Umrechnung von km/h in m/min ergibt (60 min : 1.000 m). Danach:

Reißzeit pro Durchgang:

$$t_{reiß} = \frac{80 \text{ m} \cdot 0{,}06 \text{ min/m}}{2{,}5} = \mathbf{1{,}92 \text{ min}}$$

Rückfahrzeit pro Durchgang:

$$t_{rück} = \frac{80 \text{ m} \cdot 0{,}06 \text{ min/m}}{6{,}0} = \mathbf{0{,}80 \text{ min}}$$

Zeit für Richtungswechsel: t_{rich} = **0,20 min**

Gesamtzeit pro Durchgang:

1,92 min + 0,80 min + 0,20 min = **2,92 min**

3. Anzahl der Reißdurchgänge pro Stunde

Anzahl D(urchgänge)/h =

$$\frac{60 \text{ min} \cdot 0{,}75}{2{,}92 \text{ min/D}} = \mathbf{15{,}4 \text{ D/h}}$$

4. Leistung pro Stunde

Leistung (fm³/h) = Volumen/D · D/h

= 48 fm³/D · 15,4 D/h = **740 fm³/h**

2.2.6 REISSTECHNIK

Einstellen des Aufreißerschenkels für das erste Eindringen

Das Eindringen des Zahns in den Fels erfolgt grundsätzlich in Vorwärtsfahrt. Erst in Verbindung mit der Zugkraft kann das Gewicht des Kettendozers voll genutzt werden. Ein Eindringen des Zahns in den Fels sollte niemals aus dem Stand versucht werden, da es leicht zum Ausheben der Reißraupe und damit zu einer geringen Auflagefläche der Ketten auf dem Boden führt. Das Durchdrehen der Kette mit übermäßigem Verschleiß an Laufwerk und Endantrieben sowie Zahnspitzenbrüche können die Folge sein. Bei hartem Material kann der Aufreißer am leichtesten eindringen, wenn der Reißzahn auf den größten Winkel nach hinten eingestellt wird. In den meisten Fällen genügt für das Eindringen ein Winkel zwischen senkrechter Stellung und der maximalen Stellung nach hinten.

Anmerkung:
Um das Eindringen zu erleichtern, auf schwache Stellen, Spalten, Verwerfungen und Verwitterung im Material achten, gegebenenfalls den Zahn schon vor einer geschlossenen Felsbank aufsetzen.

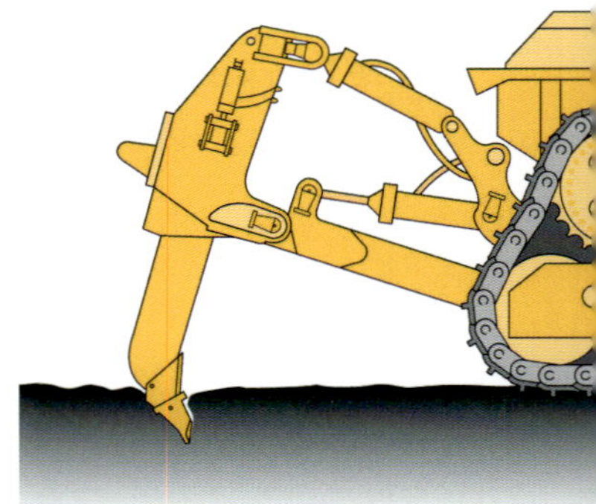

REISSWINKEL BEIM EINDRINGEN

Position des Reißzahns

Die volle Nutzung der Gerätezugkraft auf den Zahn wird dann erzielt, wenn bei maximal möglicher Eindringtiefe der Zugbalken waagerecht, also parallel zur Reißfläche, steht.

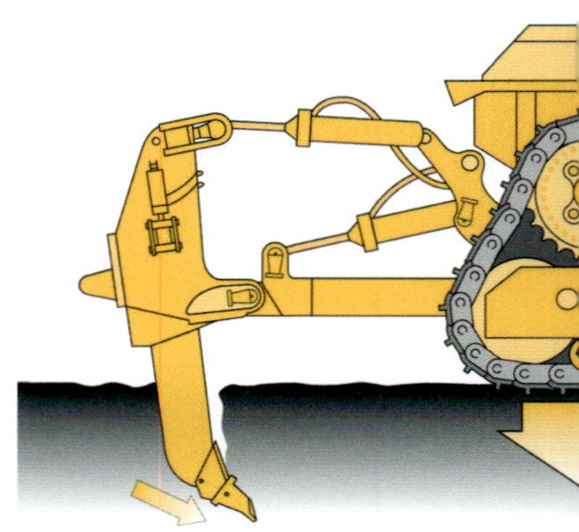

RICHTIGE POSITION DES REISSZAHNS

Einstellen des Reißwinkels

Bei den verstellbaren Aufreißern wird der günstigste Reißwinkel (Oberseite der Zahnspitze im Verhältnis zum Boden) durch praktischen Versuch vor Ort eingestellt. Je nach Beschaffenheit und Lagerung des Gesteins ergeben sich Werte von 30 bis 50 Grad.

Wenn der Zahn zu weit nach vorne geneigt ist, dann steht die Spitze zu steil im Material. Der Schnittwinkel ist zu stumpf. Das zu lösende Material wird nicht angehoben, sondern gegen den noch ungelösten Fels nach vorne geschoben.

REISSWINKEL ZU STUMPF

Wenn der Zahn dagegen zu stark nach hinten geneigt ist, also bei flachem Reißwinkel, reduziert sich die Eindringfähigkeit der Spitze. Die gesamte Unterseite des Zahns selbst reitet auf der Furchensohle. Die vergrößerte Auflagefläche wirkt als Bremse.

Beide Extremstellungen des Reißschenkels reduzieren die Reißleistung und führen vor allem zu einem rapiden Anwachsen des Zahnspitzenverschleißes.

REISSWINKEL ZU SPITZ

Ausheben des Zahns
Die meisten Brüche an der Zahnspitze entstehen dann, wenn sie bei der Rückwärtsfahrt Stöße von unten oder von hinten erhält. Um dies zu vermeiden, sollte der Rückwärtsgang erst nach vollkommenem Herausziehen des Zahns eingelegt werden. Die Zahnspitze muss dabei so hoch über dem Boden stehen, dass sie auch beim Wippen der Reißraupe auf unebener Fläche niemals auf dem Boden oder auf herausragenden Felsrippen aufschlagen kann.

Abdrift der Reißraupe
Nicht immer läuft der Kettendozer während des Reißvorgangs in der gewünschten Richtung. Klüftung, Lagerung und Schichtung können bewirken, dass die Maschine aus der Fahrtrichtung gezogen wird, weil sich der Zahn den Weg des geringsten Widerstands sucht.

IM FALL EINER DERARTIGEN ABDRIFT DES GERÄTES DARF UNTER KEINEN UMSTÄNDEN VERSUCHT WERDEN GEGENZULENKEN.

!

Der Zahn ist meist stark im Fels verspannt, ein Gegenlenken könnte zu schweren Schäden an der Lenkeinrichtung, den Endantrieben, dem Laufwerk und dem Aufreißzahn führen. Falls genügend hindernisfreie Fläche zur Verfügung steht, lässt man den Kettendozer in der von ihm eingeschlagenen Richtung bis zum Ende der Reißfläche weiterlaufen. Ansonsten sollte der Zahn in Vorwärtsfahrt ausgehoben und an neuer Stelle wieder angesetzt werden.

Steuerung der Maschinenzugkraft

Ein wichtiges Steuerelement am Kettendozer ist das Gasreduzierpedal, mit dessen Hilfe die Zugkraft an die vorhandene Traktion angepasst und ein Durchdrehen der Kette vermieden werden kann. Nur so viel Zugkraft ist erwünscht, wie auf den Boden übertragen werden kann. Die Kette neigt gerade auf ebenen, harten Flächen wegen zu geringer Traktion zum Durchdrehen. Das kann durch Betätigen des Gasreduzierpedals verhindert werden.

Abschieben des aufgerissenen Materials

Nachdem eine Abtragsfläche aufgerissen ist, folgt das meist zeitaufwändigere Abschieben der Massen, um an die darunterliegenden Schichten zu gelangen.

Auf hartem Felsboden sollte der Schild nicht in Flutstellung fallen gelassen werden, um Brüche am Messer zu verhindern.

Beim Abschieben verfüllt man Vertiefungen und Mulden in der Fläche mit feinem Material, sodass für die nachfolgende Reißarbeit eine gleichmäßige, ebene Fläche entsteht.

Verbleibende Felsköpfe sollten mit wenigen Zentimetern feinen Materials überzogen werden. Auf einem solchen „Teppich" wird die Bodenhaftung erhöht und die Stoßbelastung erheblich reduziert.

Beim Abschieben über die Bruchkante wird das Material nie mit dem Schild selbst, sondern erst mit der nachfolgenden Schildladung abgeschoben. Dadurch bleibt immer eine Schildfüllung auf der Bruchkante liegen, welche den Sicherheitsabstand für das Gerät anzeigt und zusätzlich einen Brems- und Schutzwall bildet.

Arbeiten in Nähe hoher Bruchwände

Beim Arbeiten am Fuß einer hohen Bruchkante besteht immer die Gefahr des Herabfallens von Felsbrocken. Besondere Aufmerksamkeit ist geboten, gegebenenfalls sollte eine zusätzliche Aufsichtsperson eingesetzt werden.

Auch das Arbeiten an der oberen Bruchkante birgt Gefahren. Um ein Abstürzen der Maschine zu vermeiden, sollte die Reiß- und Abschubarbeit so eingerichtet werden, dass grundsätzlich niemals entlang (parallel) der Bruchkante, sondern stets quer, also rechtwinklig zu dieser, gearbeitet wird. Dabei muss das zur Kante hinzeigende Werkzeug (Schild oder Ripper) mindestens eine halbe Laufwerkslänge von der Bruchkante entfernt bleiben.

Ist ein Arbeiten in Längsrichtung, also parallel zur Bruchkante, unvermeidlich, muss der Sicherheitsabstand wesentlich größer sein, insbesondere wenn die Oberfläche des Geländes zur Bruchkante hin geneigt ist. Hier sollten wenigstens ein bis zwei Schildbreiten Distanz gewahrt bleiben.

2608
2608
CAT
D11
CAT

2.2.7 HYDRAULIKBAGGER BEIM REISSEN

Alternativ zum klassischen Kettendozer werden heute überwiegend große Hydraulikbagger zum Lösen (Reißen) von Fels eingesetzt. Der schwere Reißdozer wird aufgrund der technischen Entwicklung der großen Hydraulikbagger mit mehr als 100 t Dienstgewicht und deren Einsatzmöglichkeiten heute nur noch begrenzt verwendet.

Einsatzvorteile

Ein großer Vorteil des Hydraulikbaggers im Vergleich zum Kettendozer liegt darin, dass er als Lademaschine bei den heutigen Baugrößen und den einsatzspezifischen Ausrüstungsmöglichkeiten neben oder während der eigentlichen Ladetätigkeit auch den Lösevorgang beim Füllen des Grabgefäßes mit übernehmen kann – natürlich nur in dem Umfang, in dem die Material- bzw. Gebirgsfestigkeiten dies zulassen.

Hochlöffel- oder Tieflöffelbagger?

Beide Varianten des Hydraulikbaggers findet man heute in schweren Reißeinsätzen. In den meisten Fällen werden jedoch Tieflöffelbagger angewendet. Diese haben gegenüber dem Hochlöffel einen entscheidenden Vorteil: Der Tieflöffelbagger kann seine Reißkräfte nahezu vollständig in nutzbringende Arbeit umsetzen.

Beim Hochlöffelbagger tritt ähnlich wie beim Kettendozer Schlupf zwischen der Kette am Fahrwerk und deren Aufstandsfläche auf. Hier entscheidet die Verzahnung mit dem Untergrund wesentlich über die umsetzbaren wirksamen Grab- und Reißkräfte. In Einsätzen, in denen Hochlöffelbagger diese Arbeit ausführen, egal aus welchem Grund, ist oftmals ein höheres Einsatzgewicht als bei für diesen Einsatz vergleichbaren Tieflöffelbaggern gefragt.

2.2.8 REISSKRÄFTE

Vergleicht man die theoretischen und vor allem die in der Praxis umsetzbaren Reißkräfte zwischen Hydraulikbaggern und schweren Reißdozern, wird schnell deutlich, dass ein Tieflöffelbagger in seiner Baugröße (Einsatzgewicht) wesentlich kleiner für den gleichen Einsatzfall (Lösbarkeit eines Materials) sein kann als ein Kettendozer.

BEISPIEL THEORETISCHER UND UMSETZBARER REISSKRÄFTE

Maschine	Kettendozer Cat D11R Einzahnaufreißer	Tieflöffelbagger CAT 385	Hochlöffelbagger CAT 385
Dienstgewicht	112 t	92 t	92 t
Antriebsleistung	634 kW/862 PS	390 kW/530 PS	390 kW/530 PS
Reiß- bzw. Grabkräfte theoretisch *			
KD-Reißzahn-Eindringkraft	280 kN	–	–
KD-Reißzahn-Ausbrechkraft	658 kN	–	–
HB(TL)-Reißzahn-Eindringkraft	–	415 kN	–
HB(TL)-Stiel-Eindringkraft	–	316 kN	–
HB(HL)-Reißkraft	–	–	429 kN
HB(HL)-Losbrechkraft	–	–	538 kN
Reiß- bzw. Grabkräfte praktisch umsetzbar **			
KD-Reißzahn-Eindringkraft	56 – 196 kN	–	–
KD-Reißzahn-Ausbrechkraft	132 – 461 kN	–	–
HB(TL)-Reißzahn-Eindringkraft	–	~ 415 kN	–
HB(TL)-Stiel-Eindringkraft	–	~ 316 kN	–
HB(HL)-Reißkraft	–	–	86 – 300 kN
HB(HL)-Losbrechkraft	–	–	108 – 378 kN

* *Technische Angaben lt. Hersteller*

** *Beim Kettendozer und Hochlöffelbagger mindert Schlupf zwischen Kette und Boden die installierten Reißkräfte (typische Bodenschlusskoeffizienten: 0,2 – 0,7).*

LÖSEN

Diese Tatsache ergibt sich aus der unterschiedlichen Kinematik der Arbeitsbewegungen eines Tief- bzw. Hochlöffelbaggers.

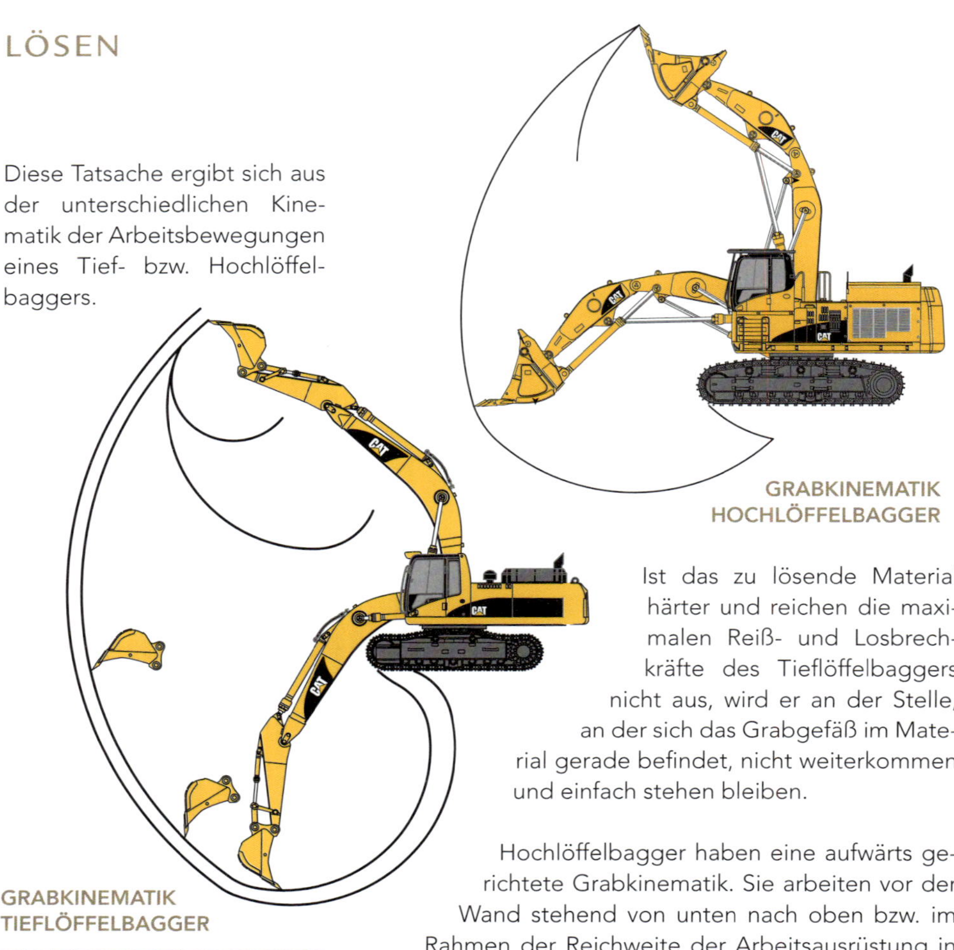

GRABKINEMATIK HOCHLÖFFELBAGGER

GRABKINEMATIK TIEFLÖFFELBAGGER

Ist das zu lösende Material härter und reichen die maximalen Reiß- und Losbrechkräfte des Tieflöffelbaggers nicht aus, wird er an der Stelle, an der sich das Grabgefäß im Material gerade befindet, nicht weiterkommen und einfach stehen bleiben.

Hochlöffelbagger haben eine aufwärts gerichtete Grabkinematik. Sie arbeiten vor der Wand stehend von unten nach oben bzw. im Rahmen der Reichweite der Arbeitsausrüstung in Grabrichtung nach vorn. Ähnlich wie beim Kettendozer tritt hier Schlupf zwischen Kette und Boden beim Löse- bzw. Ladevorgang auf. Einsatzgewicht, Untergrundbeschaffenheit und die im Gerät installierten Vorschubkräfte beeinflussen maßgeblich die Größe des Schlupfes. Bei starker Verzahnung der Kette mit dem Boden ergibt sich ein hoher Reibwert/Bodenschluss. In der Folge sind auch hohe Grab- oder Reißkräfte umsetzbar (Bodenschlusskoeffizient siehe auch Seite 102 „Nutzbare Kraft“). Bei glattem Untergrund schiebt sich der Hochlöffelbagger schon bei geringem Einsatz der Vorschubkräfte von der Wand weg. Das Löseergebnis fällt deutlich schlechter als beim Tieflöffelbagger aus.

Lädt bzw. löst ein Tieflöffelbagger Material unterhalb der Standebene, ergibt sich aus der Grabkurve der Arbeitsausrüstung (Ausleger, Stiel, Grabgefäß) eine schräg zum Fahrwerk aufwärts gerichtete Reißkraft. Der Hydraulikbagger in Tieflöffelausführung „klemmt“ das fest anstehende Material zwischen dem Fahrwerk und den Löffelzähnen ein. Kettenschlupf mit dem Untergrund, wie er beim schweren Reißdozer während des Lösevorgangs immer auftritt, gibt es hier nicht.

Vor allem wirtschaftliche Gründe sprechen neben den genannten Einsatzvorteilen für den Tieflöffelbaggereinsatz, da die Investitionskosten im Vergleich niedriger ausfallen.

2.2.9 REISSAUSRÜSTUNGEN

Im Verlauf der technischen Entwicklung sind nicht nur immer größere und schwerere Maschinen entstanden, die überwiegend zum Laden verwendet werden. Für verschiedenste Bodenarten und Grabanforderungen in weicheren Materialien (Bodenklasse 1 – 5) gibt es auch unterschiedlichste Grabgefäße, die sich in Bauform, Größe, Schneiden- und Zahnbestückung für den gleichen Bagger je nach Einsatzbedingungen sehr unterscheiden können.

Gerade spezielle Einsätze in härteren Materialien (Bodenklasse 6 bzw. 7) verlangen auch spezielle Ausrüstungen, um die Wirksamkeit zu erhöhen und die Leistungsfähigkeit des Baggers maximal nutzen zu können. Für das Reißen mit Hydraulikbaggern gibt es heute moderne, den Einsatzanforderungen entsprechende Werkzeuge. So kommen spezielle Felsreißlöffel für gleichzeitiges Lösen und Laden mit einem Werkzeug bei der Suche nach der einsatzgerechten Lösung infrage. Verwendung finden aber auch Reiß- und Ladesysteme, bei denen das Lösen und Laden mit jeweils unterschiedlichen Werkzeugen ausgeführt wird: Reißzähne zum Lösen, um mit maximaler Grabkraft den größten Reißerfolg sicherzustellen, und Felslöffel zum schnellen Laden des gerissenen (gelösten) Materials.

Felsreißlöffel

Speziell geformte und entsprechend robust gefertigte Felsreißlöffel sind ebenfalls in vielen Anwendungen anzutreffen. Bekannt sind zum Beispiel Einsätze im festen Kaolinsand (Bodenklasse 6 – 7), in dolomitischen Kalksteinen, im Muschelkalk, im geschichteten Sandstein (Bodenklasse 7). Oft werden sie auch in gemischten Einsätzen verwendet, entweder mit verschiedenen Materialarten oder wechselnden Materialfestigkeiten der Bodenklassen 6 – 7, wie sie häufig im Straßenbau anzutreffen sind.

Beispiele für spezielle Felsreißlöffel

a) schmale Reißlöffel

- hohe Grabkräfte während des Löffelfüllvorganges möglich
- schnelle Ladespielzeiten

b) Trapezschneide

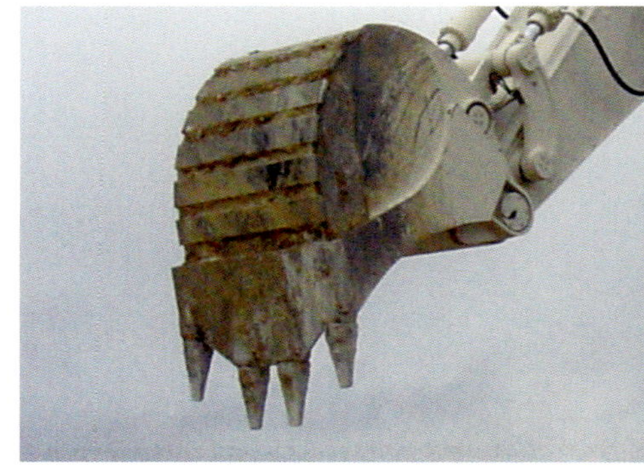

- besseres Eindringverhalten
- schnelle Ladespielzeiten

c) Mittig vorstehender Reißzahn

- alle Kräfte mittig konzentriert auf eine Spitze
- höchste Eindringkräfte umsetzbar
- alle Kräfte wirken mittig in der Arbeitsausrüstung
- ausgewogene Maschinenbelastung

d) Multi-Reißlöffel

- mehrere Reißzähne (hier drei) wirken beim Eingriff ins Material nacheinander sowohl beim Füll- als auch beim Reißvorgang
- arbeitet mit hoher Effizienz, da beim Löffelfüllen weiteres Material gelöst wird

Reißzahn

Die Idee, den Lösevorgang beim Reißen im harten Material nicht nur mit schmalen, stark dimensionierten Grabgefäßen mit mehreren Zähnen vorzunehmen, sondern die gesamte Grabkraft auf einen möglichst schmalen, spitzen, aber auch robusten Zahn zu konzentrieren, ist nicht neu. Direkt am Umlenkmechanismus des Löffelstiels angebolzte Reißzähne wurden vereinzelt schon frühzeitig benutzt.

Nachteilig war vor allem, dass der Bagger dann nur zum Lösen verwendet werden konnte. Die Umrüstung auf den Ladebetrieb erforderte erheblichen manuellen und zeitlichen Aufwand, der mit zunehmender Baugröße sowohl körperlich anstrengend als auch zu langwierig ausfiel. Ohne eine Anbauvorrichtung, an der mit möglichst wenig Aufwand verschiedene Werkzeuge (Grabgefäße, Reißzahn ...) schnell und sicher angehängt werden können, blieb der direkt angebolzte Reißzahn auf wenige Anwendungsfälle beschränkt, in denen kaum andere Lösemöglichkeiten einsetzbar waren.

Nach Einführung der notwendigen Schnellwechseleinrichtungen kamen mit zunehmender Einsatzhäufigkeit auch verschiedene Zahnvarianten auf. Einige davon sind:

a) Reißzahn lang/kurz mit Schenkelschutz und symmetrischer Spitze
b) Reißzahn, schwenkbar
c) Mehrzahnaufreißer.

Lange Reißzähne finden in mittelfestem, gut reißfähigem Material Anwendung, wo die Reißkräfte ausreichen, um bei jedem Reißdurchgang (Durchziehen des Reißzahns entlang der Grabkinematik) ein möglichst hohes Aufreißvolumen zu erhalten. Härtere Materialien (z. B. Hartkalksteine, feste Schiefer, verwitterter Granit …) erfordern dagegen kürzere Reißzähne, um höhere Reißkräfte umsetzen zu können.

Die Bauform des Zahnschafts wirkt dank raffinierter Details unterstützend beim Reißen. Der ins Material eingedrungene Zahn bricht das zu lockernde Material seitlich des Schaftes auf. Oft bricht das Material schollenartig oder in größeren Stücken auf und bewegt sich aufwärts in Richtung Schnellwechsler. Je nach Ausformung des Zahnschaftes kommt es dabei zum Materialstau oder zum seitlichen Abgleiten des gerissenen Materials. Materialstau entsteht häufig bei stumpfer Verbindung zwischen Zahnschaft und Anbauplatte. Ein konisch geformter, zum Schnellwechsler hin stärker werdender Zahnschaft unterstützt das seitliche Abgleiten.

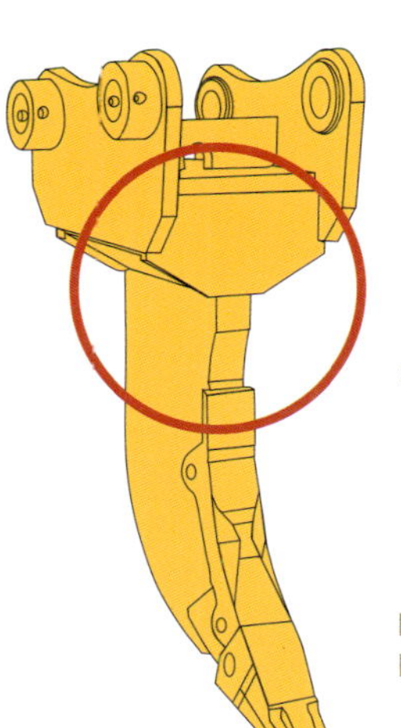

REISSZAHN MIT KONISCHEM ZAHNSCHAFT

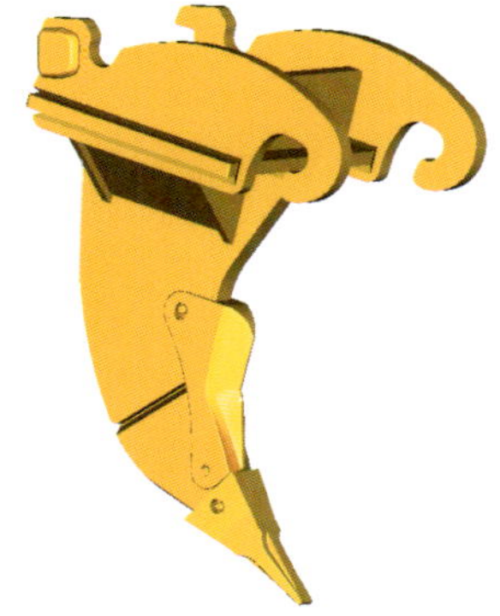

REISSZAHN LANG/KURZ MIT SCHENKELSCHUTZ UND SYMMETRISCHER SPITZE

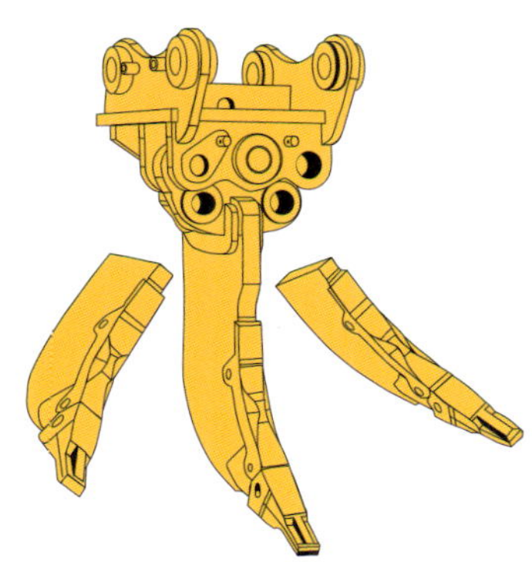

SCHWENKBARER REISSZAHN

MEHRZAHNAUFREISSER

Zahnspitze

Die Wahl der richtigen Zahnspitze hat wesentlichen Einfluss auf das Eindringverhalten des Zahnes und somit auch auf den Reißerfolg.

Generell gilt:

- lange, schmale Spitzen für gut reißfähiges, stark klüftiges Gestein mit mäßiger Stoßbelastung und/oder hohem Verschleiß verwenden
- kurze, dickere Spitzen für hartes, kaum klüftiges Gestein mit hoher Stoßbelastung und wenig Verschleiß verwenden.

Zwischen diesen beiden Extremen gibt es eine Fülle verschiedener Ausführungen, um in dem jeweiligen Einsatz einen wirtschaftlich vertretbaren Kompromiss

- für gutes Eindringverhalten
- möglichst lange Standzeiten und
- ohne ärgerliche Zahnbrüche zu finden.

Bauformen

Zahnspitzen gibt es in verschiedenen Ausführungen (Bauform, -größe) mit sehr unterschiedlichen Befestigungen auf dem oder am Zahnschaft.

Zwei typische und häufig in der Anwendung zu findende Beispiele sind:

1. Herkömmlicher „Zahnschuh" (ähnlich den Zahnspitzen des Aufreißers von großen Reißraupen)

In der Regel handelt es sich dabei nicht um spezielle Sonderanfertigungen. Verwendet werden meist Zahnspitzen aus der „normalen" Produktion. Diese bieten folgende Vorteile gegenüber anderen Ausführungen (bspw. flach geschraubten):

- sehr gutes Eindringverhalten
- asymmetrisch oder symmetrisch, relativ schmal oder spitz geformte Zahnspitzen begünstigen das Eindringvermögen
- deutlich geringerer Preis je Zahnspitze
- viel leichter und sehr einfach austauschbar (kein spezielles Werkzeug erforderlich).

SYMMETRISCHE UND ASYMMETRISCHE ZAHNSPITZEN – AUFGESTECKT (GESICHERT DURCH BOLZEN, SPLINT ODER KEIL)

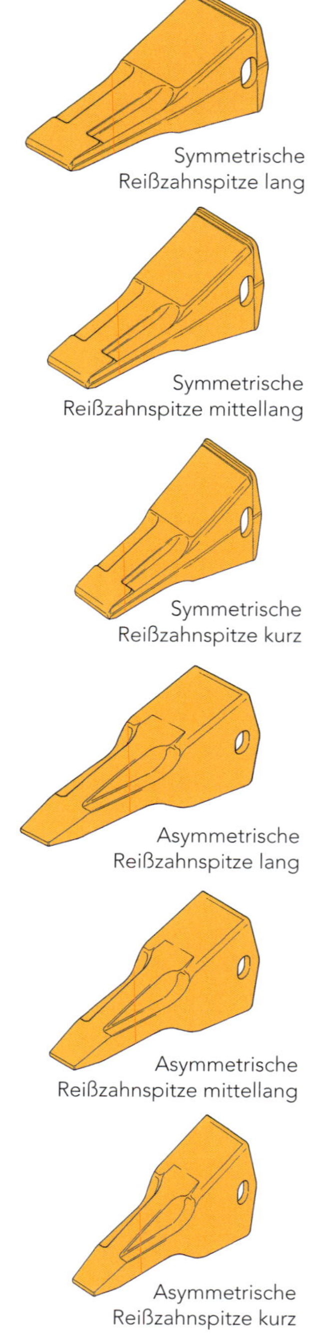

Symmetrische Reißzahnspitze lang

Symmetrische Reißzahnspitze mittellang

Symmetrische Reißzahnspitze kurz

Asymmetrische Reißzahnspitze lang

Asymmetrische Reißzahnspitze mittellang

Asymmetrische Reißzahnspitze kurz

Nachteilig gegenüber den flach geschraubten Zahnspitzen sind die geringeren Standzeiten, da normale Zahnspitzen wesentlich weniger Verschleißmaterial besitzen.

BAGGERLÖFFEL MIT AUFGESTECKTEN LÖFFELZÄHNEN

2. Flache und geschraubte Zahnspitzen
Flache Zahnspitzen können hinsichtlich ihrer Materialstärke, der Länge und der Zahnspitzenform den Einsatzverhältnissen angepasst werden. Dickere und lange Zahnspitzen haben viel Verschleißmaterial, was besonders in abrasiven Materialien relativ lange Standzeiten gegenüber den kleineren und mit weniger dickem Material ausgestatteten herkömmlichen Zahnspitzen erwarten lässt. Sehr kräftige (stark dimensionierte) Zahnspitzen reduzieren allerdings das Eindringvermögen, was besonders bei härterem und/oder wenig klüftigem Material nachteilig wirkt.

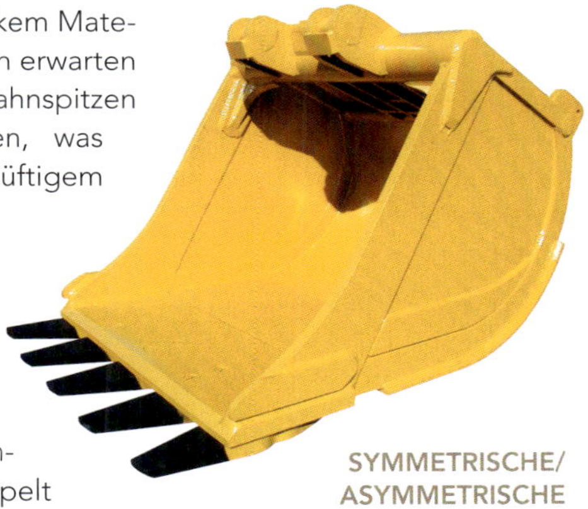

Ein weiterer Vorteil ist die Standzeitverlängerung. Aufgrund der flach am Schaft angeschraubten Zahnspitze kann das zweite Ende auch als Zahnspitze ausgeformt sein. Über die Verschraubung kann diese Zahnspitze gedreht und die Standzeit somit verdoppelt werden. Zum Lösen der Zahnspitze bzw. zum Festziehen nach dem „Drehen" oder Wechsel der Spitze ist aber ein spezielles Werkzeug notwendig.

SYMMETRISCHE/ ASYMMETRISCHE ZAHNSPITZE – GESCHRAUBT

Winkelstellung
Auch die Winkelstellung der Zahnspitze, bezogen auf die Eindringfläche des zu lösenden Materials, hat nicht unwesentlichen Einfluss auf den Reißerfolg. Steilgestellte Zahnspitzen dringen aggressiver ins Material ein bzw. öffnen eher Schwachstellen im Gebirge, in die der Zahn beim Reißvorgang eindringen kann. Ist der Zahn eingedrungen, ermöglicht eine flachere Winkelstellung ein besseres „Durchziehen" im zu reißenden Material selbst.

Schnellwechseleinrichtungen für Reißzähne
Einen merklichen Schub für die Verwendung von Reißzähnen in Kombination mit Felsgrabgefäßen zum Laden brachte die Einführung von Schnellwechselsystemen, die zunächst noch mechanisch bedient werden mussten. Der Fahrer musste also zum Verriegeln des Werkzeuges aus dem Bagger aussteigen und dies von Hand tun.

Mittlerweile kommen vollhydraulische Schnellwechsler zum Einsatz, die eine komplette Bedienung von der Fahrerkabine aus ermöglichen. Der Fahrer braucht nicht mehr auszusteigen. Wertvolle Zeit verbleibt somit zum Lösen oder Laden. Solche Ausrüstungen sind typisch für Hydraulikbagger bis ca. 130 t Einsatzgewicht und werden auch für noch größere Geräte (bis ca. 200 t Dienstgewicht) von einigen Herstellern angeboten.

2.2.10 GESTALTUNG DES REISSEINSATZES MIT DEM TIEFLÖFFELBAGGER

Erfolgreiches und effizientes Reißen erfordert nicht nur einen sehr gut ausgebildeten Fahrer, der seine Maschine perfekt bedienen kann, sondern auch eine perfekte Anordnung und Einrichtung des Arbeitsbereiches.

Maschinentechnische Möglichkeiten (Grabkräfte, Schnelligkeit …) sollen mit den natürlich anstehenden

Einsatzbedingungen (Materiallagerungsformen, Härte, Schichtmächtigkeiten und deren Verlauf, Kluftsysteme, geologische Störungszonen usw.) so in Einklang gebracht werden, dass jeweils der maximal mögliche Erfolg beim Lösen (Reißen) oder im kombinierten Reiß- und Ladebetrieb erreicht wird.

Arbeitsbereich

Zum Arbeitsbereich eines Tieflöffelbaggers gehört alles Material im Umkreis seiner Reichweite und -tiefe. Für den Reißbetrieb effizient nutzbar ist aber nur der Teil, der sich in unmittelbarer Nähe seiner Standebene befindet. Betrachtet man die Hublasttabellen von Tieflöffelbaggern, so wird deutlich, dass die größten Hubkräfte nur in unmittelbarer Nähe des Gerätes erreichbar sind. Ähnliches gilt auch für die Grabkräfte.

Die größten Grabkräfte des Tieflöffelbaggers können nur im Nahbereich wirken:

- vertikal ca. 1 bis 2 Löffelzahnradien (bei großen Tieflöffelbaggern ca. 2,5 bis etwa 4,0 m) unterhalb der Standebene
- horizontal das ca. 0,25- bis 0,5-fache der maximalen Reichweite der Arbeitsausrüstung (Standebene).

Dies hat Folgen für den Geräteeinsatz bzw. die Gewinnungstechnologie. Im Tiefschnitt ist ein scheibenweise von oben nach unten Arbeiten die einfachste und meistens auch beste Gewinnungsmethode für horizontal oder wenig geneigte Materialschichten, wie z. B. Kalk-, Sand- oder Tonstein, und bei vielen schieferigen Materialien.

Zunächst wird Material vorgelöst (Reißzahn oder Reißlöffel), um es anschließend aufzuladen. Generell gibt es zwei Möglichkeiten, Material vorzulösen:

- großflächig horizontal im Arbeitsbereich oder
- geneigt auf der Gewinnungsböschung im Ladebereich der Abbauscheibe.

Begrenzt ist das Lösen auf die maximale Reißtiefe des verwendeten Reißzahns.

Steilgestellte Materialpakete hingegen können zu erheblichen Schwierigkeiten beim Lösen führen. Sind die Schichtpakete zu stark und können sie im Tiefschnitt wegen fehlender Klüftigkeit nicht durchstochen werden, ist man im Hochschnitt arbeitend mit dem Tieflöffelbagger möglicherweise erfolgreicher. Durch Greifen mit dem Reißzahn nach oben hinter die Schichtpakete können diese u. U. leichter zerbrochen und heruntergerissen werden.

Reißtiefe

Die erreichbaren Reißtiefen hängen einerseits ab

- von den Materialfestigkeiten
- von der Größe, der Bauart und -form des Reißzahns
- von den umsetzbaren Grabkräften des verwendeten Tieflöffelbaggers.

Je nach Gerätegröße und den Zahndimensionen schwanken die erreichbaren Reißtiefen pro Durchgang erheblich. In harten Materialien, die feinkörnig und sehr dicht sind sowie kaum Klüfte oder Schwachstellen aufweisen, werden manchmal nur wenige Zentimeter Reißtiefe pro Durchgang erreicht. Wenn nur noch sehr kleinstückiges bzw. sehr feinkörniges Material herausgelöst wird, ist die Lösbarkeitsgrenze mittels Reißzahn wohl erreicht. Möglicherweise kann eine größere Maschine erfolgreicher sein; ob deren Einsatz wirtschaftlich vertretbar ist, sollte kostenmäßig mit anderen Verfahren verglichen werden (z. B. Fräsen, Bohren und Sprengen).

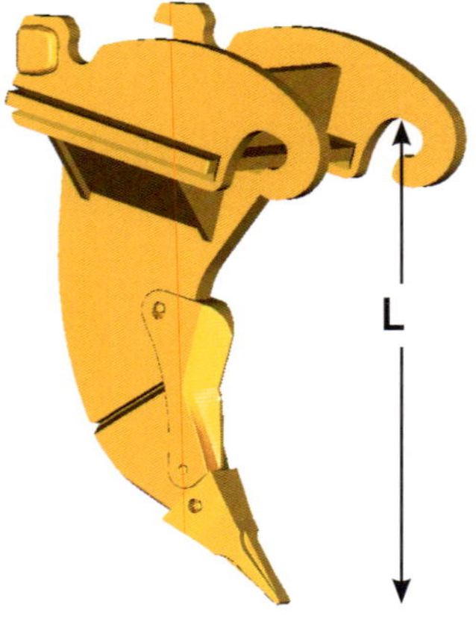

REISSZAHN MIT SCHNELLWECHSLER-AUFNAHME TYP CAT TR-70

TYPISCHE REISSZÄHNE

Reißzahn	TR-45	TR-55	TR-70	
			lang	kurz
Zahnlänge (L) (Anlenkung – Zahnspitze)	1.435 mm	1.600 mm	1.700 mm	1.400 mm
Gewicht	770 kg	1.200 kg	1.700 kg	1.200 kg

Beispiel zur Berechnung der Reißleistung

ANNAHMEN

Gerät: CAT 385BL ME, ausgerüstet mit 2,9 m Löffelstiel, hydraulischem Schnellwechsler, Reißzahn (1.700 mm lang)

Material: Schichtiger, geneigt gelagerter Kalkstein mit ausgeprägtem Kluftsystem; seismische Wellengeschwindigkeit ca. 2.000 m/s

Reißfurchenlänge: 3,5 m (entspricht ca. 3 m Abbauhöhe)

Reißfurchenabstand: 0,5 m

Reißtiefe je Durchgang: 0,8 m

Reißzeit je Durchgang: 0,2 min

HB umsetzen: 15 % der ges. Reißzeit (Faktor 0,85)

Wirkungsgrad: 75 % (45 min pro Stunde)

BERECHNUNG

1. Volumen pro Durchgang (D)

V = Reißlänge · Furchenabstand · Aufreißtiefe

V = 3,5 m · 0,5 m · 0,8 m
= **1,4 fm³/D**

2. Anzahl der Reißdurchgänge (DAnz.) pro Stunde (h)

$$\text{DAnz./h} = \frac{60\ \text{min} \cdot 0{,}75 \cdot 0{,}85\ \text{HB Umsetz}}{0{,}2\ \text{min/D}}$$

= **191 DAnz./h**

3. Leistung pro Stunde

Leistung (fm³/h)
= Volumen/D · DAnz./h
= 1,4 fm³/D · 191 DAnz./h
= **268 fm³/h**

Reißleistung

Die reine Reißleistung (nur Lösen) von Hydraulikbaggern mittels Reißzahn ist schwierig darzustellen. Theoretisch kann man über Annahmen oder Erfahrungswerte ähnliche Volumenberechnungen wie bei der rechnerischen Ermittlung der Reißleistung von Kettendozern (siehe Seite 41) anstellen.

Erfahrungen aus vielen verschiedenen Einsätzen mit unterschiedlichen Gerätegrößen lassen auch Rückschlüsse darauf zu, welche Leistung ein Tieflöffelbagger, der ausschließlich im Reißeinsatz (ohne Ladebetrieb) eingesetzt wird, hat.

Pragmatischer und bedeutsamer ist jedoch die Summe aus Reiß- und Ladeleistung, da beides zusammen im Gegensatz zum Kettendozer ja von nur einer Maschine ausgeführt wird. Darauf wird im Kapitel „Reißen und Laden im Fels" auf Seite 83 genauer eingegangen.

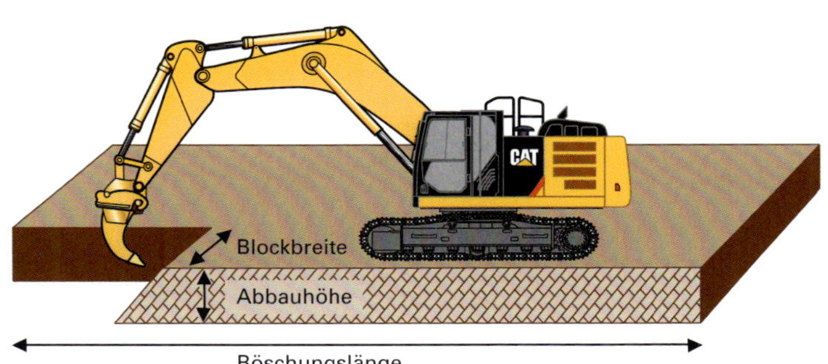

3

Laden

Für die Massenbewegung wird eine ganze Anzahl recht unterschiedlicher Ladesysteme und Geräte angeboten. Die Palette reicht vom Schaufelradbagger über den Eimerketten- und Schleppschaufelbagger bis hin zum Hydraulikbagger auf Rad oder Kette. Bei den mobilen Geräten finden wir Rad- und Kettenlader sowie Baggerlader. Die größte Verbreitung haben Radlader (RL) sowie Hydraulikbagger (HB) gefunden, auf die sich die Ausführungen in diesem Kapitel beschränken sollen.

Die technische Weiterentwicklung der beiden unterschiedlichen Ladesysteme zu immer stärkeren Einheiten hat deren Einsatzgebiete ständig erweitert, dadurch aber auch die für das jeweilige Ladegerät bislang spezifischen Einsatzzonen aufgehoben oder zumindest verwischt.

Für die hauptsächlichen Anwendungen werden Methoden der Leistungsbestimmung aufgezeigt, mit deren Hilfe die Auswahl des für den jeweiligen Einsatz geeigneten Gerätes erleichtert werden soll.

CATERPILLAR
CAT
775G
CAT
988K
CAT

3.1 RADLADER

Die große Anzahl von Radladereinsätzen lässt sich zurückführen auf die außergewöhnlich hohe Mobilität dieses Ladegeräts. Die Mobilität bezieht sich auf das Umsetzen sowohl von Baustelle zu Baustelle auf eigener Achse (Geräte bis ca. 30 t Einsatzgewicht mit Straßenzulassung) als auch innerhalb der Baustelle. Auch viele Steinbruchbetreiber bevorzugen den Radlader nur deshalb, weil sein schnelles Umsetzen den selektiven Abbau einer Lagerstätte ermöglicht.

Zur großen Mobilität tragen die hohen Fahrgeschwindigkeiten der Geräte genauso bei wie die Knicklenkung, das vorherrschende Bauprinzip. Die Beliebtheit des Radladers lässt sich auch an der breiten Angebotspalette erkennen, die vom 3-t-Gerät (ca. 0,4 m^3 Schaufel) bis zum 150-t-Großradlader (25 m^3 Schaufel) reicht.

Begrenzt wird die Einsatzmöglichkeit durch den Untergrund (Tragfähigkeit) sowie durch die Festigkeit des zu ladenden Materials. Fragen der Tragfähigkeit und des Bodendrucks sollen an dieser Stelle einmal ausgeklammert sein, im Kapitel „Transport" werden sie ausführlich behandelt.

Der Radlader wird eingesetzt zum Laden aller losen Schüttgüter sowie zum Lösen und Laden von Böden der Bodenklassen 1, 3, 4 und teilweise 5. Ob ein Boden leicht, mittelschwer oder schwer lösbar ist (hierdurch unterscheiden sich ja die Bkl. 3, 4 und 5), hängt weitestgehend von dem eingesetzten Gerät ab (u. a. Einsatzgewicht, Ladekinematik, Schaufelgröße, Ausbrechkraft). Auf einige dieser Punkte, die für die Leistung, aber auch für den sicheren Einsatz wichtig sind, soll im Folgenden eingegangen werden.

Die durch das Einkippen entstehende Ausbrechkraft wird berechnet nach:

Kippkraft · Strecke „X" = Strecke „Y" · Ausbrechkraft, daraus:

$$\text{Ausbrechkraft} = \frac{\text{Kippkraft} \cdot X}{Y}$$

3.1.1 AUSBRECHKRAFT

Die Ausbrechkraft ist die maximale Kraft, senkrecht nach oben wirkend und 102 mm (= 4") hinter der vordersten Kante des Schaufelmessers gemessen. Sie wird durch die Hubhydraulik und/oder das Einkippen der Schaufel um den Schaufelbolzen als Drehpunkt ausgeübt.

Die Berechnung ist an bestimmte Bedingungen gebunden (Lader z. B. auf festem, ebenem Boden). Näheres ist der SAE-Norm J732 JUN92 zu entnehmen. Normalerweise findet man die entsprechenden Daten in den Maschinenspezifikationen.

Für Böden der Bkl. 5 sollten Radlader mit einer Ausbrechkraft ab ca. 10 t aufwärts ausgewählt werden. Vom Maschinengewicht her sind das Lader mit Z-Kinematik und mindestens 10 t Einsatzgewicht.

AUSBRECHKRAFT

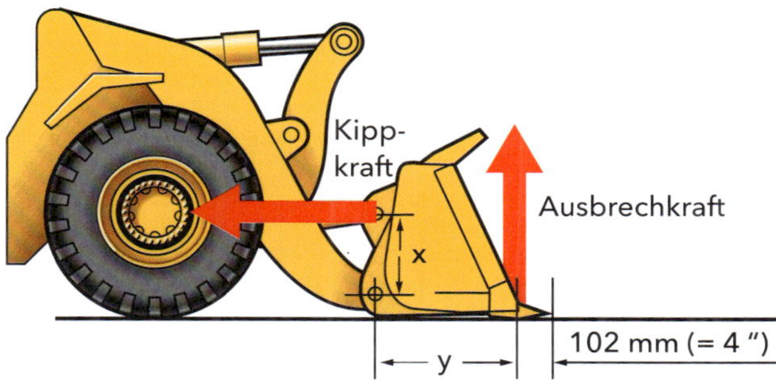

3.1.2 STATISCHE KIPPLAST

Die statische Kipplast ist das Gewicht im Schwerpunkt der Nutzlast in der Schaufel, bei dem die Hinterräder des Radladers gerade vom Boden abheben.

Folgende Bedingungen müssen bei der Ermittlung der statischen Kipplast erfüllt werden:

- Der Lader steht auf festem, ebenem Boden.
- Die Last befindet sich beim Anheben in der äußersten vorderen Position.
- Bei knickgelenkten Geräten erfolgt die Messung in gestreckter Länge bzw. bei vollem Lenkeinschlag.

3.1.3 NUTZLAST

Die Nutzlast, auch als dynamische Kipplast bezeichnet, ist aus Sicht der Arbeitssicherheit ein wichtiger Faktor. Sie ist direkt abhängig von der statischen Kipplast.

Die Gesetzgebung verlangt, dass die Nutzlast von Radladern 50 % der statischen Kipplast (bei vollem Lenkeinschlag!) nicht überschreiten darf. Vor allem bei der Schaufelauswahl muss sie beachtet werden.

Beispiel zur Berechnung der Nutzlast

ANNAHMEN

Gerät: 23,5 t schwerer Radlader, ausgerüstet mit einer 4,2-m³- Normalschaufel

Statische Kipplast bei vollem Lenkeinschlag: 14,4 t

Material:
a) gebrochener Kalkstein, Schüttgewicht 1,5 t/lm³
b) nasser Kies, Schüttgewicht 2,0 t/lm³

BERECHNUNG

1. **Dynamische Kipplast:** 50 % von 14,4 t = **7,2 t**
2. **Nutzlast bei a):** $4{,}2\ m^3 \cdot 1{,}5\ t/m^3$ = **6,3 t**
3. **Nutzlast bei b):** $4{,}2\ m^3 \cdot 2{,}0\ t/m^3$ = **8,4 t**

Überladung: 17 %

Das Beispiel zeigt den Einfluss der Schaufelgröße und des Materialgewichts auf die Arbeitssicherheit. Beim Verladen von gebrochenem Kalkstein liegt man unter der dynamischen Kipplast, und das selbst bei einer Schaufelfüllung von 114 %. Bei nassem Kies ist die Schaufel stark überladen, die Arbeitssicherheit nicht gewährleistet. Ein derartiger Einsatz ist nicht zulässig.

Bei der Geräteauswahl sollte dem Aspekt der Schaufelauswahl große Aufmerksamkeit geschenkt werden. So mancher 3-m³-Lader entpuppt sich im normalen Einsatz als 3-m³-Leichtgutlader. Es ist offensichtlich, dass ein einmal angeschaffter Radlader mit einer bestimmten Schaufel nicht für alle Ladearbeiten geeignet ist.

Für die verschiedenen Ladearbeiten und unterschiedlichen Schüttgewichte wird eine Vielzahl an Schaufeln unterschiedlichster Bauart und Größe angeboten. Von der Verladung von Holzspänen oder Zuckerrübenschnitzeln bis zur Verladung von Eisenerzpellets ist für jeden Einsatz eine geeignete Schaufel verfügbar.

3.1.4 TRANSPORTSTELLUNG

Radlader und aus ihnen entwickelte Industrielader werden wegen ihrer großen Mobilität häufig zum Materialtransport eingesetzt. Die geeignete Transportstellung ist nach SAE definiert als der senkrechte Abstand vom Boden zur Mitte des Schaufelbolzens bei einem Winkel von 15°, wie es die unten stehende Abbildung zeigt.

3.1.5 BESTIMMUNG DER LADELEISTUNG

Die Gerätespezifikationen und Ausrüstungen sind den einzelnen Typenblättern zu entnehmen; auf sie soll hier nicht eingegangen werden. Vielmehr soll die Leistungsermittlung im Vordergrund stehen. Dabei geht es um die die Leistung hauptsächlich beeinflussenden Faktoren.

Die Ladeleistung lässt sich für jedes diskontinuierliche Ladegerät nach folgender Formel bestimmen:

$$Q = V \cdot AT/h$$

Q = Leistung (lm³/h)
V = Schaufelvolumen (m³)
AT/h = Arbeitstakte pro h

Erst bei Betrachtung der einzelnen Faktoren wird man erkennen, dass diese scheinbar so simple Gleichung sehr komplex sein kann.

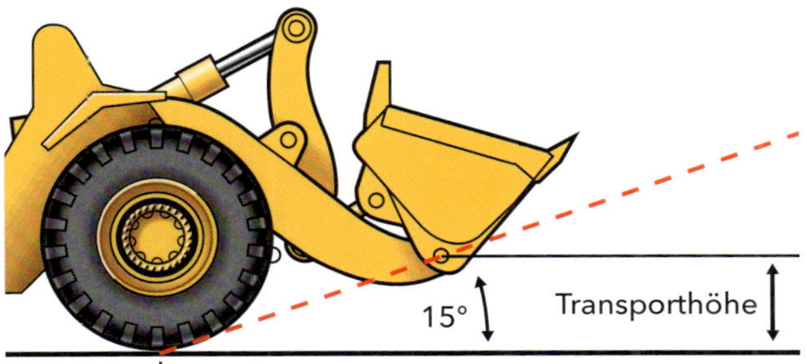

TRANSPORTSTELLUNG

Schaufelinhalt
Das Fassungsvermögen einer Schaufel wird nach SAE J742 ermittelt und liegt den technischen Datenblättern zugrunde. Die Schaufelinhaltsangabe bedeutet immer 100 % Schaufelfüllung.

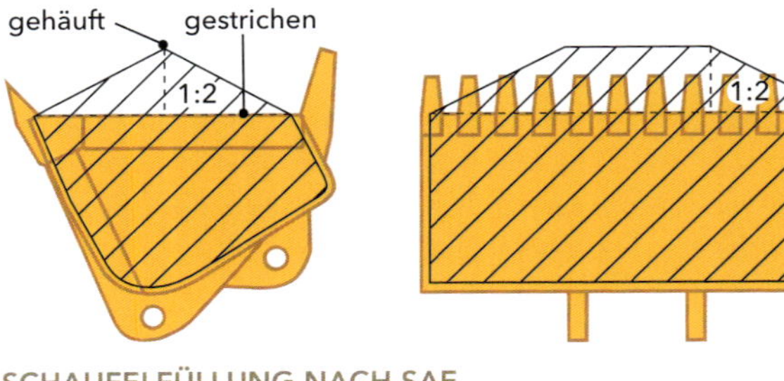

SCHAUFELFÜLLUNG NACH SAE

100 % Schaufelfüllung = gestrichene Schaufel + 1 : 2 Häufung

Ein steilerer Böschungswinkel ist Kennzeichen für einen Füllungsgrad von über 100 %, wie er bei fast allen bindigen Böden auftritt. Auch gut abgestufte Felsarten können durchaus zu Schaufelfüllungen von über 100 % führen. Trockene Sande und Kiese böschen flacher, dadurch kann bei diesen Böden niemals das volle Schaufelvolumen in eine Leistungsberechnung eingebracht werden. Hier einige typische Schaufelfüllungsgrade:

FÜLLUNGSGRADE RADLADER

Bodenart	Füllungsgrad (%)
Mischboden, feucht	100 – 120
Fels und Erdboden, gemischt	100 – 130
Fels, gut geschlossen	90 – 110
Fels, stark verkeilt, grobstückig	60 – 90
gebrochenes Material	85 – 100
Sand, Kies, trocken	85 – 95
Sand, Kies, feucht	90 – 110
Ton, bindig, fest	70 – 90
Ton, sandig, feucht	80 – 100

Der Schaufelfüllungsgrad hängt auch von der Fähigkeit des Eindringens ins Haufwerk sowie der Ausbrechkraft ab. Hier spielen Traktion und Bodenschluss eine Rolle.

Nicht alle Schaufeln lassen sich gleich gut füllen. Form, Größe und Ausrüstung (Schaufelzähne, Schaufelmesser) müssen auf das Haufwerk abgestimmt sein. In der Praxis zeigt sich immer wieder, dass zu große Schaufeln ausgewählt werden. Die Schaufelfüllzeit steigt überproportional, der Schaufelfüllungsgrad fällt.

Beim Beladen von Transporteinheiten trifft man hin und wieder auf ein Missverhältnis von Ladekapazität zu Transportkapazität, das mit der rechnerischen Festlegung nicht übereinstimmt. Anstelle von z. B. 6 berechneten Ladespielen wird das Transportgerät schon mit 5 gefüllt. Die Erklärung liegt darin, dass das Material während des Füllens eine Verdichtung in der Schaufel erfahren hat und beim Abkippen wieder aufgelockert wird. Beim Zurückrechnen verwogener Schaufelladungen kommt man aus dem gleichen Grund manchmal zu ungewöhnlichen Schaufelfüllungsgraden. Nicht der Schaufelfüllungsgrad aber hat sich verändert, sondern das Schüttgewicht.

GUTE SCHAUFELFÜLLUNG

Arbeitstakte pro Stunde
Der zweite und schwierigere Punkt der Leistungsbestimmung ist die Festlegung der Anzahl der Ladespiele pro Stunde. Diese Anzahl wird errechnet aus der Arbeitstaktzeit (ATZ) des einzelnen Ladespiels, auch Spielzeit genannt, und der effektiven Arbeitszeit pro Stunde.

Arbeitstaktzeit (ATZ)
Die Basisarbeitstaktzeit erhöht sich mit zunehmender Radladergröße. Sie umfasst pro Ladezyklus vier Phasen: Füllen der Schaufel, Manövrieren und Beladen, Leeren der Schaufel, Manövrieren, leer.

Mit folgenden Werten kann man rechnen (in Minuten):

BASIS-ATZ

RL kW (PS)	ATZ (min)
bis 48 (65)	0,40
48 – 110 (65 – 150)	0,45
110 – 184 (150 – 250)	0,50
über 184 (250)	0,55

Die Basis-ATZ setzt optimale Arbeitsbedingungen voraus, die kurz aufgeführt sein sollen: Füllen von losem Material (Bkl. 3), Wandhöhe 30 – 70 % der Hubhöhe (Schaufelbolzen), Untergrund fest und eben, Entladen auf Halde oder über Kante, Wendewinkel 40 – 60°.

Die aufgeführten Zeiten sind nur mit einem geübten Fahrer möglich, sie sind als Wert für den Dauerbetrieb ausgewiesen. Bei kurzfristigen Einsatztests können sie beträchtlich unterschritten werden.

Sofern sich auch nur eine dieser Bedingungen ändert, ändert sich auch die ATZ. Die wichtigsten Korrekturfaktoren sind in den folgenden Zeitzuschlag-Tabellen aufgeführt.

Zeitzuschläge von 0,05 min mögen gering erscheinen, sie machen aber immerhin 10 % der Basisarbeitstaktzeit aus und können sich bei mehreren Einflußfaktoren zu beträchtlichen Zeitzuschlägen addieren.

ZEITZUSCHLAG FÜR BODENKLASSE

Bodenklasse	Zeitzuschlag
1 Mutterboden	–
3 leicht lösbar	–
4 mittelschwer lösbar	bis 0,05 min
5 schwer lösbar	> 0,10 min
6 und **7** Fels	kein RL-Einsatz

ZEITZUSCHLAG FÜR ABTRAGSHÖHE

Wandhöhe	Zeitzuschlag
< 30 %	> 0,05 min
> 70 %	> 0,05 min

ZEITZUSCHLAG FÜR UNTERGRUND

Untergrund	Zeitzuschlag
sehr gut ▪ fester Untergrund ▪ eben, trocken ▪ gute Traktion ▪ keine Reifeneindringung	–
gut ▪ fester Untergrund ▪ uneben, wellig ▪ gute Traktion ▪ keine Reifeneindringung	+ 0,05 min
mittel ▪ weicher Untergrund ▪ uneben, rollig ▪ mittlere Traktion ▪ Reifeneindringung bis 10 cm	+ 0,10 min
schlecht ▪ sehr weicher Untergrund ▪ uneben, mit Steinen ▪ geringe Traktion ▪ Reifeneindringung über 10 cm	+ 0,15 min

ZEITZUSCHLAG BEIM ENTLADEN

Entladebedingungen	Zeitzuschlag
sehr gut ▪ auf Halde ▪ über Kante ▪ Wendewinkel 40 – 60° ▪ ohne Manövrieren	–
gut ▪ Beladen von passenden Transportgeräten ▪ Wendewinkel 60 – 90° ▪ ausreichender Manövrierbereich	+ 0,05 min
schwierig ▪ Beladen von zu kleinen/großen Transportgeräten ▪ große Entladehöhe (Silo, Trichter) ▪ vorsichtiges Entladen (fremdes Transportfahrzeug) ▪ Wendewinkel über 90° ▪ exaktes und/oder enges Manövrieren	+ 0,10 min

Bei Berücksichtigung der tatsächlichen Einsatzbedingungen und der oben genannten Bedingungen kann die Gesamtarbeitstaktzeit geschätzt werden.

Arbeitszeit pro Stunde

Wie groß ist die effektive Arbeitszeit, „wie lange dauert eine Stunde"? Im Erdbau wird häufig mit 50 min pro Stunde als Nettoarbeitszeit gerechnet, was einem Wirkungsgrad von 83 % entsprechen würde. Dieser Wert trifft zu für Ladeeinsätze, bei denen relativ viele Transportgeräte dem Ladegerät zugeordnet sind, z. B. bei großen Erd- oder BAB-Baustellen. Bei kleineren Baustellen oder Baustellen, bei denen der Transport über öffentliche Straßen geht, treten häufig Wartezeiten auf, die effektive Ladezeit wird reduziert. Gleiches gilt häufig für Steinbrüche, in denen die Transportgeräte am Vorbrecher aufgehalten werden.

Es empfiehlt sich, den betrieblichen oder baustellenspezifischen Wirkungsgrad einmal zu ermitteln. So manche Minderleistung lässt sich hierdurch begründen.

TYPISCHER LADEEINSATZ

Beispiele zur Berechnung der Ladeleistung

Nach Festlegung aller aufgeführten Faktoren lässt sich eine Berechnung der Ladeleistung durchführen (Annahme A).

Etwas schwieriger gestaltet sich die Berechnung, wenn die Leistung vorgegeben ist, z. B. im Steinbruch durch den Brecherdurchsatz. Gesucht wird dann der geeignete Lader und die Schaufeldimensionierung. Auch hierfür ein vereinfachtes Rechenbeispiel (Annahme B) für die Beladung von Schwerlastkraftwagen (SKW).

ANNAHME A

RL-Klasse: 137 kW/186 PS

Schaufelgröße: 3,3 m^3

Material: loser, trockener Sand von Halde

Füllungsgrad: 90 %

Abtragshöhe: 60 % Hubhöhe (Schaufelbolzen)

Untergrund: fest, etwas wellig

Wendewinkel: 60°

Entladung: auf passenden LKW

Wirkungsgrad: 75 % (45 min/h)

BERECHNUNG

1. Effektiver Schaufelinhalt:

$3{,}3\ lm^3 \cdot 0{,}9$ (Füllungsgrad) $= \mathbf{3{,}0\ lm^3}$

2. Arbeitstaktzeit:

Basis-ATZ	= 0,50 min
Untergrund	= 0,05 min
LKW-Beladung	= 0,05 min
ATZ	= **0,60 min**

3. Arbeitstakte pro h:

$$\frac{45\ \text{min}}{0{,}60\ \text{min}} = \mathbf{75\ AT/h}$$

4. Effektive Leistung:

$3{,}0\ lm^3 \cdot 75\ AT/h = \mathbf{225\ lm^3/h}$

ANNAHME B

Material: gut geschossener Kalkstein

Schüttgewicht: 1,6 t/lm^3

Geforderte Leistung: 600 t/h, 24-m^3-Schwerlastkraftwagen, feste, etwas gewellte Ladesohle

Wirkungsgrad: 80 %

Gerät: Radlader mit über 184 kW/250 PS

BERECHNUNG

1. Arbeitstaktzeit:

Basis-ATZ	= 0,55 min
Ladesohle	= 0,05 min
SKW-Beladung	= 0,05 min
ATZ	= **0,65 min**

2. Erforderliche AT/h:

$$60\ \text{min} \cdot \frac{0{,}8}{0{,}65\ \text{min}} = \mathbf{74\ AT/h}$$

3. Nutzlast/AT:

$$\frac{600\ \text{t/h}}{74\ \text{AT/h}} = \mathbf{8{,}1\ t/AT}$$

4. Schaufelvolumen in lm^3 bei 1,6 t/lm^3 Schüttgewicht:

$$V = \frac{8{,}1\ \text{t}}{1{,}6\ \text{t/m}^3} = \mathbf{5{,}06\ lm^3}$$

Berücksichtigt man einen Füllungsgrad von 90 %, dann ergibt sich eine Schaufelgröße von **5,6 m^3**.

5. Anzahl Ladespiele pro SKW: 4

Für den fiktiven Einsatz auf Seite 70 müsste ein Radlader der 6-m³-Klasse oder größer vorgesehen werden. Welches Zusammenspiel zwischen Lade- und Transportgerät am günstigsten ist, wird im Kapitel „Transport" gezeigt.

Radlader werden wegen ihrer hohen Fahrgeschwindigkeiten sehr häufig auch zum Materialtransport eingesetzt. Man bezeichnet dieses Verfahren als „Load and Carry". Auch hierüber bringt das Kapitel „Transport" Details.

3.1.6 ARBEITEN AN DER WAND

Bei allen nicht losen Schüttgütern, also dem Arbeiten an der Wand im gewachsenen Material, darf aus Sicherheitsgründen die Abtragshöhe maximal nur 1 m höher sein als die Reichhöhe des Radladers. Bei größeren Wandhöhen würde die Wand untergraben werden, um Haufwerk durch Hereinbrechen zu gewinnen. Dadurch wären Mensch und Maschine hochgradig gefährdet, da sie überschüttet werden könnten.

ZULÄSSIGE WANDHÖHE

KETTENBAGGER ALS TRÄGERGERÄT

3.2 KETTENBAGGER

Der Hydraulikbagger (HB) ist das inzwischen am häufigsten eingesetzte Ladegerät, zumindest in Deutschland. Als Grundgerät in drei Hauptvarianten verfügbar, als Tieflöffelbagger in Rad- und Kettenversion sowie als Hochlöffelbagger, erfährt das Gerät dank der reichlichen Ausrüstungsmöglichkeiten eine erhebliche Einsatzvielfalt.

Allein die Palette der angebotenen Löffel lässt kaum Wünsche offen. Hinzu kommen noch diverse Löffelstiel- und Auslegervarianten und eine Reihe unterschiedlicher Laufwerke.

Fast ebenso umfangreich gestaltet sich die Ausrüstungspalette für den Hydraulikbagger als Trägergerät. Sein Einsatzspektrum reicht vom Bohren über das Rammen bis zum Betonzerkleinern, von der Abbruchausrüstung bis zur Felsfräse.

Für jeden dieser sehr unterschiedlichen Einsätze gibt es ganz spezifische Einsatzparameter, auf die einzugehen an dieser Stelle nicht möglich ist. Es sollen nur einige wenige Aspekte angesprochen werden, die bei der Geräteauswahl und der Leistungsbestimmung maßgeblich sind.

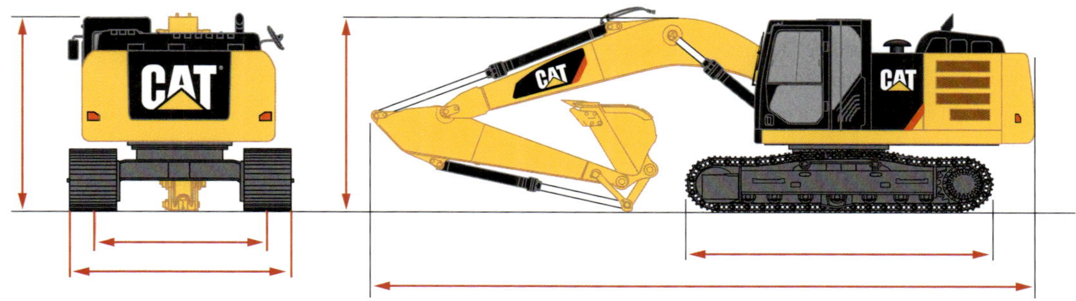

TRANSPORTABMESSUNGEN

3.2.1 TRANSPORT-ABMESSUNGEN

Hydraulikbagger sind sperrige Geräte, die mit Ausnahme der Mobilbagger nicht auf eigener Achse umgesetzt werden können. Die Transportmaße wie Höhe, Breite und Länge müssen für die Transportplanung vorliegen und können den entsprechenden Datenblättern entnommen werden.

3.2.2 GRABKURVEN

Der Aktionsradius eines Baggers hängt von seiner Größe und Ausrüstung ab. Anhand einer spezifischen Grabkurve kann festgestellt werden, ob eine bestimmte Arbeit von der Geometrie her ausgeführt werden kann. Nicht nur für die Einsatzplanung, sondern auch für die Sicherheit eines Einsatzes sollten die Grabkurven betrachtet werden.

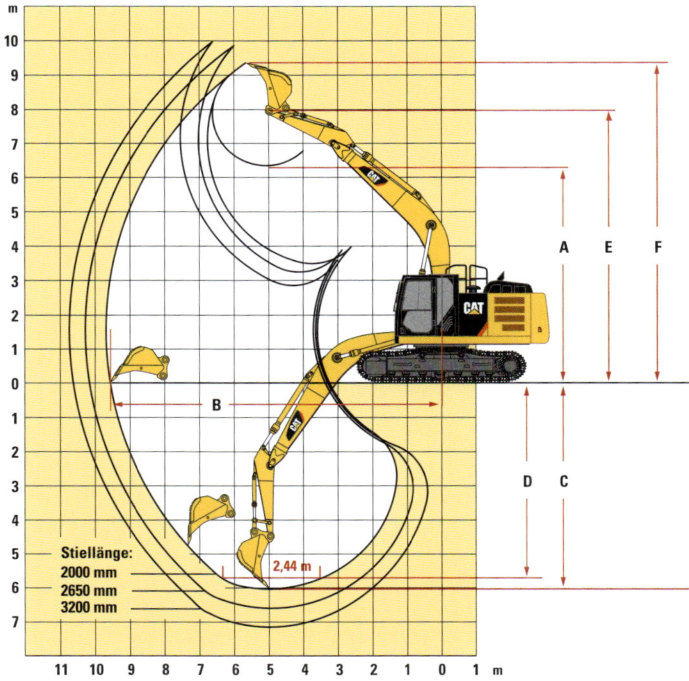

GRABKURVEN

- A_{max} **Ladehöhe des Löffels mit Zähnen**
- B_{max} **Reichweite auf Standebene**
- C_{max} **Grabtiefe**
- D_{max} **Grabtiefe bei einer Sohlenlänge von 2,44 m**
- E_{max} **Löffelbolzenhöhe**
- F_{max} **Reichhöhe über Löffelzähne**

3.2.3 HUBVERMÖGEN, STANDSICHERHEIT UND NENNHUBLAST

1. Hubvermögen
Sehr häufig werden Hydraulikbagger für Hubarbeiten eingesetzt, beispielsweise beim Verlegen von Rohren. Die Anforderungen an das Hubvermögen können dabei so entscheidend sein, dass durch sie und nicht durch die Ladeleistung die Größe eines Hydraulikbaggers bestimmt wird.

Das Baggergewicht, die Lage des Baggerschwerpunkts und die Position des Löffelhakens bestimmen in Verbindung mit der Hydraulikleistung das Hubvermögen, also die Masse, die ein Hydraulikbagger heben kann. Das Hubvermögen wird entweder durch das Standvermögen des Baggers oder sein hydraulisches Leistungsvermögen begrenzt. Hubvermögen, Standsicherheit und die Nennhublast sind nach SAE definiert.

2. Standsicherheit
Ein Hydraulikbagger erreicht dann die Grenze seiner Standsicherheit, wenn das im Lastschwerpunkt wirkende Gewicht dazu führt, dass die hinteren Laufrollen abheben. Der Lastabstand ist der waagerechte Abstand zwischen Schwenkachse/Oberwagen und Lasthaken/Löffel. Die Löffelhakenhöhe ist der senkrechte Abstand vom Löffelhaken zur Standebene des Geräts. Beide Werte sind maßgeblich für die Standsicherheit.

Erfolgt bei einem bestimmten Radius der Grabkurve ein Kippen des Gerätes, dann ist die Kipplast erreicht.

3. Nennhublast
Die Nennhublast wird aus dem senkrechten Abstand des Lastpunkts vom Boden und dem Lastradius festgestellt (max. 75 % der Kipplast bzw. 87 % der Hydraulikkapazität). Sie ist den entsprechenden Datenblättern zu entnehmen.

KETTENBAGGER BEI HUBARBEITEN

3.2.4 LOSBRECH- UND REISSKRAFT

Das Eindringen des Löffels in das Material wird durch die Losbrechkraft des Löffels und die Reißkraft des Löffelstiels erreicht. Diese Grabkräfte werden nach internationalen Normen an der äußersten Schneidspitze ermittelt, sie sind in den Maschinenspezifikationen enthalten.

Durch das Zusammenwirken von Reiß- und Losbrechkraft erreichen Hydraulikbagger eine größere Eindringkraft (pro mm Schneidmesserlänge) als z. B. Radlader, sodass das Grabgefäß leichter gefüllt werden kann. Die größere Losbrechkraft ermöglicht auch, dass der Bagger in höhere Bodenklassen vordringen kann. Große Hydraulikbagger findet man beim Vertikalreißen im Fels der Bodenklasse 6, teilweise sogar der Bodenklasse 7.

Bei härteren Böden sollten schmale Löffel mit kleinem Radius gewählt werden, wodurch die Losbrechkraft stark erhöht wird.

KETTENBAGGER
BEIM LÖSEN VON FELS

3.2.5 BESTIMMUNG DER LADELEISTUNG

Auch bei Baggern erfolgt die Leistungsbestimmung nach:

$$Q = V \cdot AT/h$$

Q = Leistung [lm^3/h]
V = Löffelinhalt [lm^3]
AT/h = Arbeitstakte pro h

Löffelinhalt

Der Löffelinhalt nach CECE (europäische Norm) errechnet sich aus der Materialmenge bis zur Streichfläche (Löffelinhalt gestrichen) zuzüglich der auf der Streichfläche mit einem Neigungswinkel von 1 : 2 aufgehäuften Materialmenge.

Die Inhaltsangabe nach SAE (amerikanische Norm) unterscheidet sich insofern von der Inhaltsangabe nach CECE, als hier eine Materialhäufung mit einem Schüttwinkel von 1 : 1 addiert wird.

Deshalb:

! BEI LÖFFELINHALTSANGABEN IMMER DARAUF ACHTEN, AUF WELCHEN STANDARD (SAE ODER CECE) SICH DIE ANGABE BEZIEHT.

Für Inlandsberechnungen gilt grundsätzlich:

100 % Löffelfüllung = gestrichener Löffel + 1 : 2 Häufung

Für Bagger gilt das Gleiche wie für Radlader: Nicht jedes Material böscht gleich. Wegen der unterschiedlichen Geometrie der Grabgefäße können bei Baggern aber nicht die gleichen Füllungsgrade genommen werden wie beim Radlader.

Folgende Werte zur Orientierung:

FÜLLUNGSGRADE KETTENBAGGER

Material	Füllungsgrad (%)
Mischboden, feucht	110 – 130
Fels und Erdboden, gemischt	90 – 120
Fels, gut geschossen	75 – 90
Fels, stark verkeilt, grobstückig	50 – 70
gebrochenes Material	80 – 95
Sand, Kies, trocken	85 – 95
Sand, Kies, feucht	90 – 110
Ton, bindig, fest	80 – 100
Ton, sandig, feucht	100 – 120

LÖFFELINHALT NACH CECE

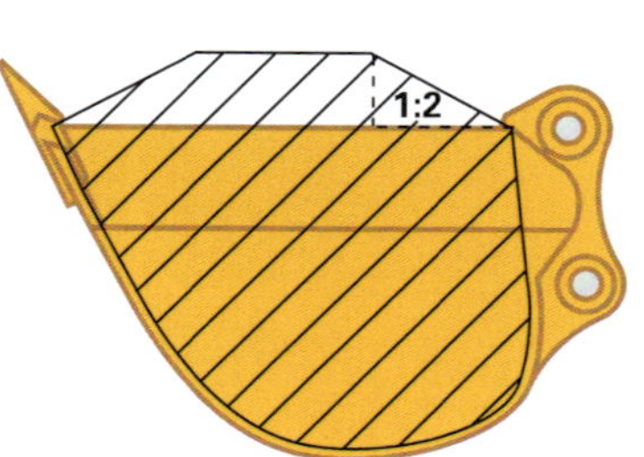

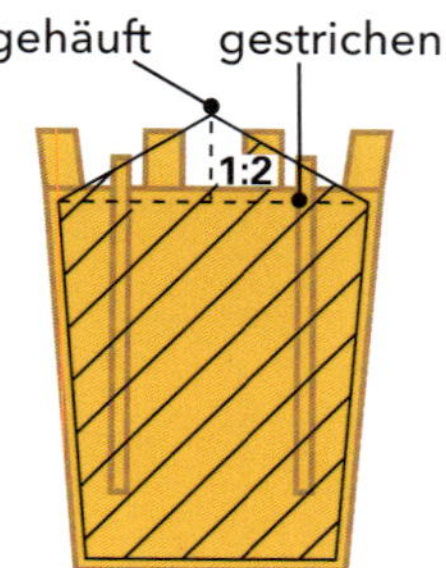

Arbeitstakte pro Stunde

1. Arbeitstaktzeit (ATZ)

Die Basisarbeitstaktzeiten liegen bei Kettenbaggern deutlich niedriger als bei Radladern, da der Kettenbagger im Stand arbeitet. Nicht das gesamte Gerät muss bewegt werden, sondern nur der Oberwagen.

Die Basisarbeitstaktzeit, die auch beim Kettenbagger mit zunehmender Gerätegröße zunimmt, besteht aus

- Füllen des Löffels
- Schwenken, Beladen
- Abkippen
- Schwenken, leer.

Mit folgenden Basis-ATZ (in Minuten) kann man bei Tief- und Hochlöffelbaggern (TL/HL) rechnen:

BASIS-ATZ

Geräteklasse kW (PS)	ATZ
TL bis 110 (150)	0,25 min
TL 110–260 (150–350)	0,30 min
TL über 260 (350)	0,35 min
HL	0,35 min

Diese Basis-ATZ setzen optimale Einsatzbedingungen voraus:

- Füllen von losem Material (Bkl. 3)
- Grabtiefe plus Hubhöhe ca. 2 m
- Schwenkwinkel 30 – 60°
- Abkippen seitlich oder LKW auf tieferer Sohle
- gut ausgebildeter Fahrer.

2. Zeitzuschläge bei sich ändernden Bedingungen

ZEITZUSCHLAG FÜR BODENKLASSEN

Bodenklasse	schmaler Löffel	mittlerer Löffel	großer Löffel	Hochlöffel
3	–	–	–	–
4	0,00 min	0,02 min	0,03 min	0,03 min
5	0,02 min	0,04 min	0,06 min	0,06 min
6	0,04 min	0,06 min	0,10 min	0,10 min
7	–	–	–	–

ZEITZUSCHLAG FÜR GRABTIEFE UND HUBHÖHE

Grabtiefe	Zeitzuschlag
bis 2,0 m	0,00 min
bis 4,0 m	0,03 min
bis 6,0 m	0,06 min
bis 8,0 m	0,09 min
bis 10,0 m	0,12 min

ZEITZUSCHLAG BEIM ENTLADEN

Entladebedingungen	Zeitzuschlag
sehr gut - seitliches Aussetzen - kein genaues Entladen notwendig - Schwenkwinkel 30 – 60°	0,00 min
gut - LKW-Beladung, passende Größe - große Aufgabetrichter - Schwenkwinkel 60 – 90°	0,03 min
schwierig - vorsichtiges Entladen - gezieltes Entladen - Schwenkwinkel 90 – 180°	0,06 min

Auch das Entladen hat großen Einfluss auf das Ladespiel. Kurze Spiele werden ermöglicht durch Höherstellen des Baggers, sodass der Maschinist sieht, wohin er das Material abkippt.

Kleine Schwenkwinkel reduzieren die Ladezeit. Leider lässt es sich nicht immer einrichten, Bagger und Transportgerät ideal zueinander aufzustellen. Es kann erforderlich werden, um 180° zu schwenken. Gelegentlich muss sogar der LKW oberhalb des Baggers aufgestellt werden, z. B. wenn sich die Ladesohle nicht als Fahrplanum eignet. In diesen Fällen müssen zur Basis-ATZ Zeitzuschläge hinzugerechnet werden (s. Tabelle Seite 77).

Aus der Addition von Basis-Arbeitstaktzeit und Zeitzuschlägen ergibt sich die tatsächliche ATZ, die für die Berechnung der Arbeitstakte pro Stunde benötigt wird.

HOHE LADELEISTUNG DURCH HÖHERSTELLUNG DES BAGGERS

KLEINER SCHWENKWINKEL, HOHE LADELEISTUNG

Beispiel zur Berechnung der Baggerleistung
Der Verfahrensweg zur Bestimmung der Ladeleistung soll an einem Beispiel dargestellt sein.

ANNAHMEN

Gerät: Kettenbagger, 121 kW (164 PS)

Löffelgröße: großer Löffel, (1,5 m³ Löffelinhalt, 1.500 mm Löffelbreite)

LKW-Beladung: bei 60° Schwenkwinkel

Grab- und Hubhöhe: 4 m

Material: Kies-Sand-Gemisch, fest anstehend, Bkl. 4

Löffelfüllungsgrad: 110 %

Nutzungsfaktor: 0,67 ≙ 40 min/h

BERECHNUNG

1. Effektiver Löffelinhalt:
1,5 lm³ · 1,1 Füllungsgrad = **1,65 lm³**

2. Arbeitstaktzeit:

Basis-ATZ	= 0,30 min
große Schnittbreite, Bkl. 4	= 0,02 min
Ges.-Hub 4 m	= 0,03 min
LKW-Beladung	= 0,03 min
ATZ	= **0,38 min**

3. Arbeitstakte pro h:

$\frac{40 \text{ min}}{0{,}38 \text{ min}}$ = **105 AT/h**

4. Effektive Leistung:
1,65 lm³ · 105 AT/h = **174 lm³/h**

Die Schwierigkeit bei jeder Leistungsberechnung ist das Finden der für den jeweiligen Einsatz richtigen Leistungsfaktoren. Es empfiehlt sich, für die unterschiedlichen Arbeiten Zeitnahmen durchzuführen; auf diese Art erhält man die genauesten Werte.

Die Maximalleistung in Abhängigkeit von Löffelinhalt und Taktzeit zeigt die Tabelle auf Seite 80. Der Nutzungsfaktor beträgt dabei 1,0 (60 min/h), der Löffelinhalt ist mit 100 % Füllungsgrad gerechnet.

Tatsächliche Leistung:

60-min-Leistung · Nutzungsfaktor · Löffelfüllfaktor

NUTZUNGSFAKTOREN

60 min	=	1,00
55 min	=	0,91
50 min	=	0,83
45 min	=	0,75
40 min	=	0,67

MAXIMALLEISTUNGEN VON TIEFLÖFFELBAGGERN IN LM³/H

		Leistung pro 60 min/h, Löffelinhalt 0,5 bis 3,5 lm³															
ATZ	**AT/h**	**0,5**	**0,7**	**0,9**	**1,1**	**1,3**	**1,5**	**1,7**	**1,9**	**2,1**	**2,3**	**2,5**	**2,7**	**2,9**	**3,1**	**3,3**	**3,5**
0,30	**200**	100	140	180	220	260	300	340	380								
0,35	**171**	86	120	154	188	222	257	291	325	359	393	428	462				
0,40	**150**	75	105	135	165	195	225	255	285	315	345	375	405	435	465	495	525
0,45	**133**	67	93	120	146	173	200	226	253	279	306	333	359	386	412	439	466
0,50	**120**	60	84	108	132	156	180	204	228	252	276	300	324	348	372	396	420
0,55	**109**	55	76	98	120	142	164	185	207	229	251	273	294	316	338	360	382
0,60	**100**	50	70	90	110	130	150	170	190	210	230	250	270	290	310	330	350

3.2.6 ARBEITEN AN DER WAND

Beim Direktladen aus der Wand darf die Wand aus Sicherheitsgründen höchstens 1 m höher sein als die Reichhöhe des Baggers. Ein Unterhöhlen der Wand, verbunden mit der Gefahr des plötzlichen Hereinbrechens, wird so vermieden.

Beim Arbeiten an der Wand darf diese nicht über 30 m hoch sein.

ZULÄSSIGE WANDHÖHE

3.2.7 LEISTUNG BEIM GRABENAUSHUB

Da der Kettenbagger in der Lage ist, auch unterhalb seines Fahrplanums zu graben, wird er häufig beim Grabenaushub eingesetzt.

Die Angabe der Arbeitsleistung erfolgt meist in m Aushubstrecke pro h oder Tag. Hierfür ist erforderlich, dass zusätzlich zur Bestimmung der Ladeleistung das Aushubvolumen pro Meter Grabenlänge berechnet wird nach:

Aushubvolumen (fm^3) = Fläche des Grabenquerschnitts (m^2) · 1 m Grabenlänge

Die Fläche des Grabenquerschnitts hängt von der Grabentiefe und der Grabenbreite ab, bei geböschten Gräben auch von der Neigung.

Die Abbildung unten zeigt alle für die Berechnung des Aushubvolumens erforderlichen Werte. In dem Beispiel gilt für das Aushubvolumen:

$$V = \frac{(A + C)}{2} \cdot B \cdot L$$

A = Breite Grabensohle
B = Grabentiefe
C = Breite Grabenoberkante
L = Grabenlänge

GRABENAUSHUB

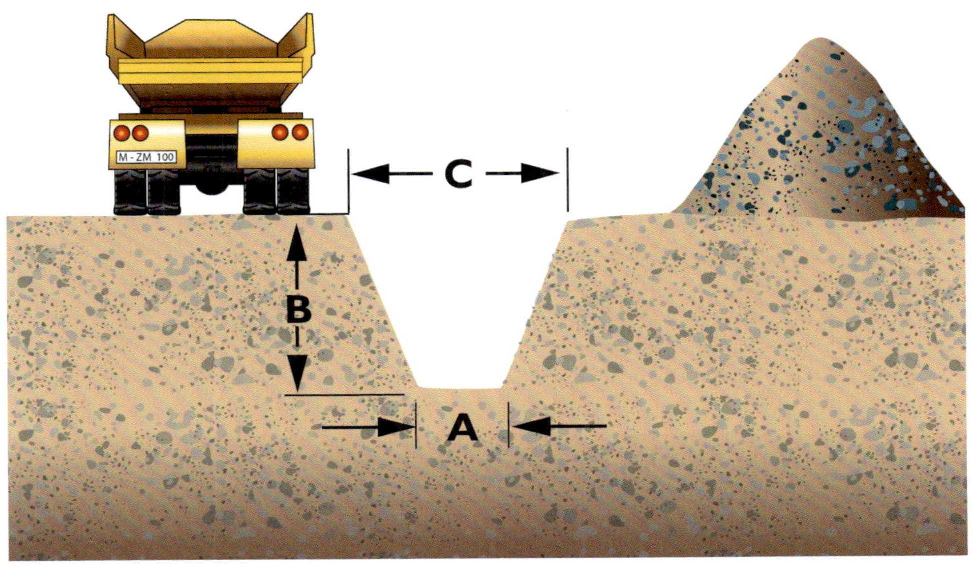

Das nachfolgende Umrechnungsdiagramm für Grabenaushubarbeiten erleichtert das Rechnen.

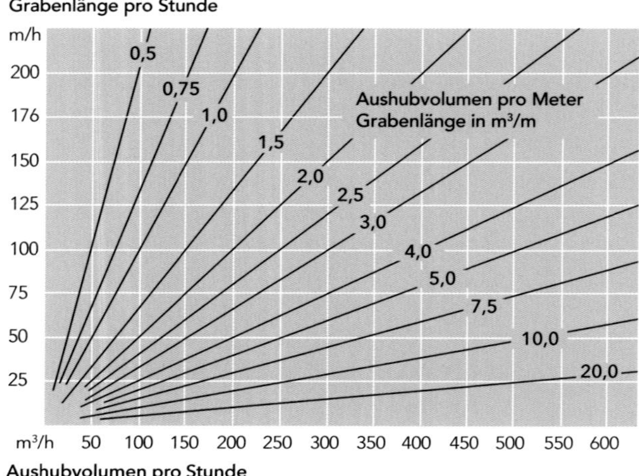

UMRECHNUNGSDIAGRAMM GRABENAUSHUB

Aushubvolumen pro Stunde (m^3/h)
Wenn die Aushubleistung in fm^3/h berechnet wurde, wird das Aushubvolumen pro Meter in fm^3/m angegeben.

Wenn die Aushubleistung in lm^3/h berechnet wurde, wird das Aushubvolumen pro Meter in lm^3/m angegeben.

Beispiel rechts:
Auswahl des geeigneten Baggers beim Grabenaushub
Es müsste demnach ein Bagger ausgewählt werden, der 235 lm^3/h schafft. Die Geräteauswahl könnte erfolgen, indem zunächst nach Tabelle auf Seite 80 die geeignete Löffelgröße festgelegt und dann ein Löffel ausgewählt würde, der zum Material passt. Schließlich würde die Baggergröße bestimmt, die zur Löffelgröße passt, wobei auch die Reichweite und das Hubvermögen des Baggers nicht außer Acht gelassen werden sollten.

ANNAHMEN

Grabenlänge: 1.000 m

Bauzeit: 10 h

Grabenquerschnitt: 1,5 m^2

Material: sandiger Lehm, Auflockerung 30 %

Nutzungsfaktor: 0,83 ≙ 50 min pro h

BERECHNUNG

1. **Aushubstrecke pro h:**
   $\frac{1.000\ m}{10\ h} = \mathbf{100\ m/h}$
2. **Lose Kubikmeter pro lfd. Meter:**
   $1{,}5\ fm^3 \cdot 1{,}3 = \mathbf{1{,}95\ lm^3/m}$
3. **Masse für 100 m Strecke:**
   $100\ m \cdot 1{,}95\ lm^3/m = \mathbf{195\ lm^3}$
4. **Geforderte Leistung bei Berücksichtigung der 50 min/h:**
   $\frac{195\ lm^3/h}{0{,}83} = \mathbf{235\ lm^3/h}$

3.2.8 LEISTUNG BEIM REISSEN UND LADEN IM FELS

Das Reißen als Löseverfahren und das Laden gelösten Materials lässt sich beim Hydraulikbagger, wie bereits beschrieben, hervorragend in einer Maschine vereinen. Immer öfter werden hierfür Hydraulikbagger (überwiegend Tieflöffel), häufig ausgerüstet mit Schnellwechsler und Reißzahn, eingesetzt.

Erfahrungswerte erlauben es, einen Ausblick auf die Leistungsfähigkeit solcher Gerätesysteme zu geben.

Generell wird die Reiß- und Ladeleistung als Summenleistung (fm^3/h oder t/h) angegeben. In ihr steckt jeweils ein Anteil für das Lösen bzw. einer für das Laden. Der gesamte Prozess kann in folgende Haupttätigkeiten unterteilt werden:

1. Laden
2. Werkzeugwechsel
3. Reißen
4. Sortieren, Aufräumen, Nachzerkleinern …
5. Warten.

Je nach den Einsatzbedingungen schwanken die erforderlichen bzw. sich ergebenden Zeitanteile bei den Haupttätigkeiten erheblich. Für die Angabe der Reiß- und Ladeleistung ist eine nähere Betrachtung daher notwendig.

Laden – Arbeitstaktzeit

Die Leistungsberechnung für den Ladebetrieb ist im Kapitel 3.2.5 ausführlich beschrieben und kann für den Anteil Laden bei der Summenleistung Reißen und Laden gleichermaßen angewendet werden.

! HINWEIS: BEI DER BESTIMMUNG DER MÖGLICHEN LADESPIELE PRO ZEITEINHEIT (BSPW. JE STUNDE ODER TAG) MUSS HIER DER UM DIE REISS- UND NEBENARBEITSZEITEN VERRINGERTE LADEZEITANTEIL BERÜCKSICHTIGT WERDEN.

Wechselzeiten – Reißzahn und Tieflöffel

Robust gebaute und hydraulisch betätigte Schnellwechsler sind heute Standard beim Reißen und Laden mit demselben Bagger. Einfache Bedienung und schnelles Wechseln der Werkzeuge kann problemlos erfolgen. Je nach Anbieter gibt es bauliche Unterschiede, die in der Bedienung und Schnelligkeit beim Werkzeugwechsel zum Tragen kommen. Für geübte Geräteführer sind Wechselzeiten vom Löffel auf den Reißzahn (und umgekehrt) von ca. 20 bis 40 Sekunden dauerhaft möglich.

WECHSEL ZWISCHEN REISSZAHN UND TIEFLÖFFEL

Reißen und Nebenarbeiten
Der Zeitbedarf für das Reißen und die damit verbundenen Nebenarbeiten sind ganz entscheidende Faktoren für die Leistungsfähigkeit solcher Systeme.

Ein Blick auf die Verteilung der Anteile der Haupttätigkeiten beim Lösen und Laden verdeutlicht die Situation. Dazu einige beispielhafte Einsätze, basierend auf Erfahrungs- und Messwerten:

CAT HB-TL MIT CAT REISSAUSRÜSTUNG – VERTEILUNG DER HAUPTTÄTIGKEITEN BEIM REISSEN UND LADEN

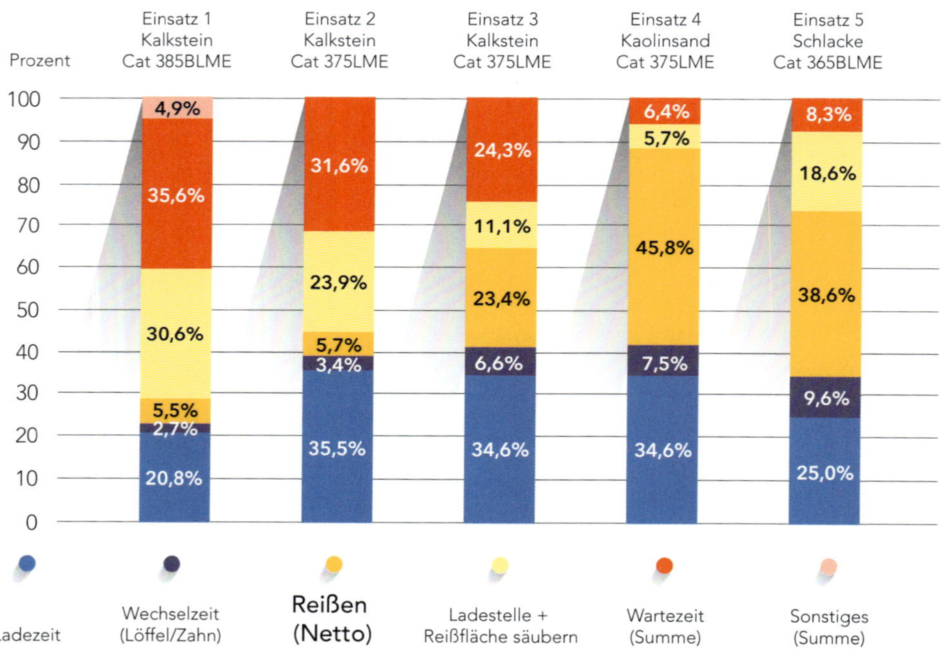

Augenfällig sind die stark schwankenden Zeitanteile der Haupttätigkeiten, die wesentlich aus den unterschiedlichen Materialeigenschaften auch bei gleicher Materialart (!) und damit dem stark differierenden Zeitbedarf für das Reißen und die erforderlichen Nebenarbeiten resultieren.

**CAT HB-TL
EFFEKTIVE UND MÖGLICHE
LEISTUNGEN MIT
CAT REISSAUSRÜSTUNG**

Es ergaben sich für diese Beispiele Summenleistungen (Reißen und Laden) von:

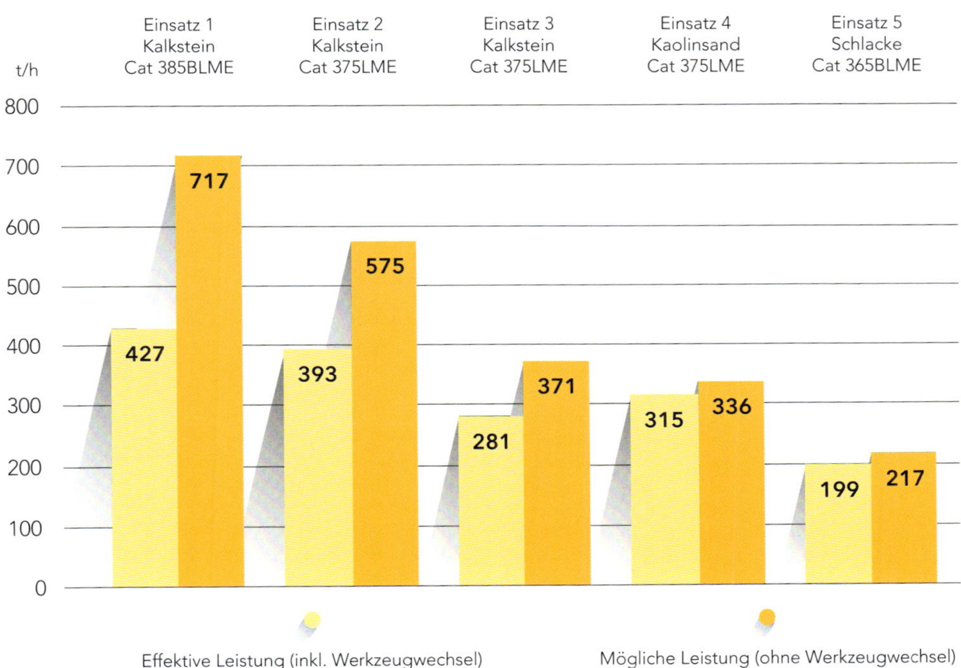

ABHÄNGIGKEITEN FÜR DIE REISS- UND LADELEISTUNG

Einsatz	1	2	3	4	5
Material	Kalkstein	Kalkstein	Kalkstein	Kaolinsand	Hüttenschlacke
Härte, Zähigkeit	brüchig	mittelfest	fest, teilweise zäh	sehr zäh (!), fest	inhomogen: sprödbrüchig bis sehr fest
Schichten	bis 0,4 m dünnplattig	bis 0,5 m plattig bis bankig	bis 0,6 m meist bankig	bis 1 m meist bankig, massiv	bis 0,4 m schalenförmig, bankig
Kluftsysteme	sehr ausgeprägt (dm – cm Abstände)	ausgeprägt, (dm – m Abstände)	ausgeprägt, (dm – m Abstände)	wenig ausgeprägt (m Abstände)	Schichtfugen, (dm Abstände)
Verbandsfestigkeit, seismische Wellengeschwindigkeit	1.500 – 2.000 m/s	1.600 – 3.800 m/s	1.200 – 1.600 m/s	1.400 – 2.000 m/s	–

Verschiedene Abhängigkeiten für die Reiß- und Ladeleistung sind gut erkennbar:

- Gerätegröße und Einsatzgewicht
- Materialart und deren Eigenschaften.

Erfahrungswerte bzw. Leistungsmessungen vor Ort sind die beste Basis für richtige und gesicherte Leistungsangaben. Für Planungen sind oftmals Leistungsberechnungen bzw. -schätzungen erforderlich.

Nachfolgendes Rechenbeispiel soll das Verfahren zur Ermittlung der Reiß- und Ladeleistung verdeutlichen.

Beispielrechnung Reißen und Laden

Welche Zeit benötigt der HB 390 kW (530 PS), um die Massen der im Kapitel 2.2.11 (Seite 59) errechneten reinen Reißleistung auf SKW aufzuladen?

ANNAHMEN

Gerät: HB, 390 kW (530 PS), hydraulischer Schnellwechsler

Reißzahn: lang, 1.700 mm

5,2 m³ Felstieflöffel: 2.100 mm Schnittbreite

Material: schichtiger, gut reißbarer Kalkstein (max. dm-mächtig) der Bkl. 6 bis 7

Schüttgewicht: 1,65 t/lm³

Beladung: SKW-Beladung

Schwenkwinkel: 60°

Grab- bzw. Hubhöhe: 4 m

Auflockerung: 60 %

Löffelfüllung: 90 %

Leistungswirkungsgrad (Fahrer): 83 % (50 min/h)

Fahrer: durchschnittlich

LEISTUNGSBERECHNUNG LADEN

1. Effektiver Löffelinhalt:

5,2 m³ · 0,9 = **4,68 lm³**

2. Arbeitstaktzeit Laden:

Basis-ATZ	= 0,35 min
große Schnittbreite, gerissenes Material (Bkl. 5)	= 0,06 min
Gesamt-Hub 4 m	= 0,03 min
SKW-Beladung	= 0,03 min
ATZ	= **0,47 min**

3. Arbeitstakte pro Stunde:

$\frac{50 \text{ min}}{0{,}47 \text{ min}}$ = **106 AT/h**

4. Effektive Leistung:

4,68 lm³ · 106 AT/h = **496 lm³/h**

Erforderliche Ladezeit für 268 fm³/h Reißleistung:

268 fm³ · 1,60 (Auflockerung) = **429 lm³**

$\frac{429 \text{ lm}^3}{496 \text{ lm}^3/\text{h}}$ = **0,86 h**

Summenleistung Reißen und Laden auf SKW:

$\frac{268 \text{ fm}^3 \text{ (429 lm}^3 \text{ bzw. 708 t)}}{(1 \text{ h} + 0.86 \text{ h})}$ = **144 fm³/h (231 lm³/h bzw. 381 t/h)**

3.2.9 HOCHLÖFFELBAGGER

Im Felseinsatz, speziell im Steinbruch, werden an das Ladegerät ganz besondere Anforderungen gestellt. Zwar können in vielen Steinbrucheinsätzen auch Radlader eingesetzt werden, aber bei sehr vielen Verladearbeiten sprechen doch wichtige Gründe für den Bagger. Gemeint ist hier der Hochlöffelbagger, auch Ladeschaufel (LS) genannt.

Einige Entscheidungskriterien, die für den Hochlöffelbagger sprechen, sollen aufgeführt sein:

- verkeiltes Haufwerk nach dem Sprengen
- steilböschendes Haufwerk
- hartes und/oder scharfkantiges Material (Schnittverletzungen bei Radlader-Reifen)
- unebene Steinbruchsohlen
- geringe Sohlenbreite
- hoher Knäpperanfall.

Ein besonderes Augenmerk ist bei der Geräteauswahl auf hohes Einsatzgewicht zu legen. Der Bagger muss auch bei großem Eindringwiderstand ruhig stehen, er darf sich nicht selbst verschieben.

Auswahl der richtigen Bodenplatten

Bei felsigem Untergrund sollten die Bagger mit den schmalsten verfügbaren Bodenplatten ausgerüstet werden, da diese weniger Kräfte auf andere Teile des Laufwerks übertragen und es dadurch schonen. Für Steinbruchsohlen eignen sich Zweisteg-Bodenplatten am besten.

Grabkraft, Vorschubkraft, Losbrechkraft

Die Grabkraft ist die am äußersten Schneidpunkt der Schaufel ausgeübte Kraft, die über den Arbeitshydraulikdruck berechnet wird.

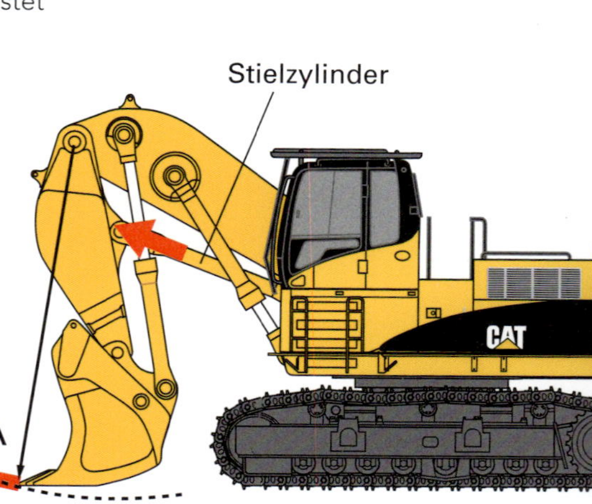

LADEEINSATZ VOR DER WAND MIT HOCHLÖFFELBAGGER

Die Vorschubkraft wird am Stielzylinder tangential zum Bogensegment mit dem Radius „A" erzeugt. Das maximale Leistungsmoment ist wirksam, wenn Stiel und Zylinder etwa im rechten Winkel stehen.

Die Losbrechkraft wird von den Schaufelzylindern tangential zum Bogensegment mit dem Radius „B" erzeugt. Das maximale Leistungsmoment der Schaufelzylinder und des Umlenkmechanismus wirken auf die Schaufel, wenn Umlenkung und Zylinder etwa im rechten Winkel stehen.

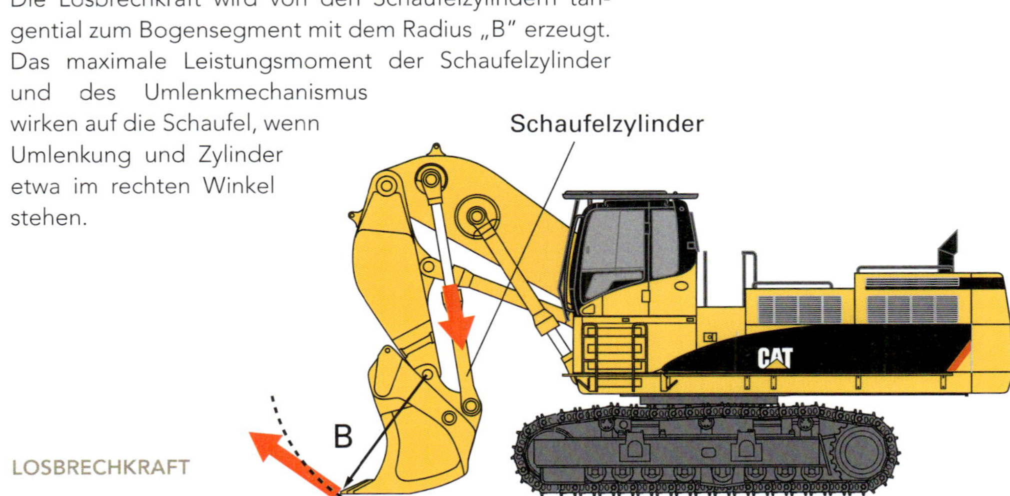

LOSBRECHKRAFT

Schaufelauswahl
Am weitesten verbreitet und am vielseitigsten einsetzbar ist die Klappschaufel. Sie hat gegenüber der Kippschaufel eine Reihe von Einsatzvorteilen; einige seien aufgezählt:

Vorteile der Klappschaufel

- 10 – 15 % kürzere Ladespielzeit
- größere Reichweite
- wesentlich größere Abkipphöhe
- Möglichkeit, Knäpper zu greifen
- Kugeleinsatz für Knäpperzerkleinerung leicht möglich
- einfaches Säubern bei Ankleben von Material
- dosiertes und gezieltes Entladen.

Vorteile der Kippschaufel

- bis 25 % mehr Fassungsvermögen
- niedrigeres Eigengewicht
- einfachere Konstruktion
- weniger Wartung
- geringere Anschaffungskosten.

KLAPPSCHAUFEL

KIPPSCHAUFEL

LADEBEREITER HOCHLÖFFELBAGGER MIT KLAPPSCHAUFEL

ANNAHMEN

Material:
geschossener Kalkstein,

Schüttgewicht: 1,6 t/lm³

Schaufelfüllungsgrad: 100 %

Arbeitstaktzeit: 0,50 min

Wagenwechselzeit: 0,40 min

Wirkungsgrad:
83 %, ≙ 50 min/h

BERECHNUNG

1. **Effektive SKW-Nutzlast:**
   Nutzlast pro Schaufel:
   4,5 lm³ · 1,6 t/lm³ · 1,0 Füllungsgrad = **7,2 t**

   Benötigte Anzahl Schaufeln/SKW: 5

   Effektive SKW-Nutzlast:
   5 AT/SKW · 7,2 t/AT = **36 t/SKW**
2. **Berechnung der Ladeleistung**:

SKW-Beladezeit (5 Spiele · 0,50 min)	= 2,50 min
Wagenwechselzeit	= 0,40 min
Zeit pro SKW	= **2,90 min**

Anzahl SKW/h = $\frac{50 \text{ min}}{2{,}9 \text{ min/SKW}}$ = **17 SKW**

Ladeleistung:
17 SKW · 36 t/SKW = **612 t/h**

Bestimmung der Ladeleistung

Anhand eines Praxisbeispiels soll der Rechenweg zur Leistungsbestimmung aufgezeigt werden.

Frage: Wie groß ist die Ladeleistung (t/h) eines 70-t-Hochlöffel-Baggers, ausgerüstet mit einer 4,5-m³-Klappschaufel, bei der Beladung von 36-t-Schwerlastkraftwagen (SKW)?

Die größte Schwierigkeit bei der Leistungsermittlung liegt in der Festlegung der Ladespielzeit. Sind das Schwenken und Entladen der Schaufel mehr oder weniger Fixwerte, so kann die Schaufelfüllzeit dennoch stark variieren. Die Haufwerksbeschaffenheit, die Qualität des Sprengens, die Sohlengestaltung, die Schaufelausrüstung und vieles mehr spielen hier hinein.

Die Geräteauswahl für den Steinbrucheinsatz darf sich jedoch nicht nur nach der geforderten Ladeleistung richten. In vielen Fällen entscheiden Maschinengewicht, Dimension und Ausrüstung weit mehr.

IDEALE LADEAUFSTELLUNG

4

Transport

Die Distanz zwischen der Lade- und Entladestelle, die Transportstrecke, kann durch die verschiedensten Transporteinrichtungen überbrückt werden. Für den Transport von Massenschüttgütern kommen meist der Band-, Gleis- oder Seilbahnbetrieb infrage, gelegentlich sogar die Schiffsverladung.

Der gleislose Erdbau kennt verschiedene diskontinuierliche Transportsysteme für den Kurz-, Mittel- und Langstreckentransport. Die leistungsbestimmenden Parameter für die gebräuchlichsten Verfahren werden dargestellt, und zwar:

Kettendozer
Load & Carry
Schwerlastkraftwagen (SKW)
knickgelenkte Dumper
Scraper.

Der normale LKW-Einsatz wird nicht gesondert behandelt, SKW-Aussagen treffen in vielen Fällen auch auf ihn zu. Vorangestellt werden sollen übergreifende Faktoren, die für die Auswahl und Leistungsbestimmung des geeigneten Systems relevant sind.

CAT

4.1 ERFORDERLICHE KRAFT – VERFÜGBARE KRAFT – NUTZBARE KRAFT

Kraft ist erforderlich, um eine Arbeit verrichten zu können. Das kann das Schieben oder Ziehen einer Last sein oder auch nur das Sich-selbst-Vorwärtsbewegen an einer Steigung oder im Morast. Die Kraft hierfür wird von der Maschine abgegeben. Nutzbare Kraft ist die durch die Einsatzbedingungen begrenzte verfügbare Kraft. Auf diese verschiedenen Arten von Kraft einzugehen, ist wichtig, denn nur so erhält man eine Aussage darüber, ob und wie schnell eine Maschine eine bestimmte Arbeit verrichten kann.

4.1.1 ERFORDERLICHE KRAFT

Es sind hauptsächlich drei Faktoren, die die erforderliche Kraft bestimmen:

- Rollwiderstand
- Steigungswiderstand
- Gefälleschub.

Rollwiderstand

Dieser bei jedem Radgerät auftretende Fahrwiderstand beeinflusst die Leistung eines Erdbewegungsgeräts maßgeblich. Es muss verwundern, dass ihm bei der Kalkulation und auf der Baustelle dennoch kaum Beachtung geschenkt wird. Der Rollwiderstand bestimmt wie der Steigungswiderstand (hier ist es evident) die mögliche Fahrgeschwindigkeit des Transportgeräts.

Der Rollwiderstand (RW) oder die Reibung, die auf ein rollendes Rad einwirkt, wird durch zahlreiche Faktoren bestimmt.

Einige der wichtigsten Faktoren sind:
- innere Reibung
- Reifenwalken
- Achslast
- Reifeneindringung.

INNERE REIBUNG

REIFENWALKEN

ACHSLAST

REIFENEINDRINGUNG

Darüber hinaus haben auch noch Faktoren wie Reifendruck und Reifenprofil einen gewissen Einfluss auf die Leistung. Diese können jedoch bei richtiger Geräteausrüstung bei Baumaschinen vernachlässigt und mit der inneren Reibung und dem Reifenwalken zu einem einzigen, konstanten Wert zusammengefasst werden. Dieser Wert wird als konstanter Rollwiderstand (RW_k) bezeichnet und in kg Zugkraft angegeben. Die Größe dieses Wertes beträgt ca. 2 % des Bruttogewichts des Gerätes. Auf 1 t bezogen, beträgt der konstante Rollwiderstand somit

$$\mathbf{RW_k = 20\ kg/t}$$

Das heißt, wenn ein gummibereiftes, 1 t schweres Gerät auf einer harten, glatten Fahrbahn (keine Reifeneindringung) zu bewegen ist, ist eine Schub- oder Zugkraft von 20 kg erforderlich.

Wird die Fahrbahn weich, sodass die Räder in den Untergrund eindringen können, dann entsteht ein zusätzlicher Rollwiderstand, der spezifischer Rollwiderstand (RW_s) genannt wird. Pro cm Reifeneindringung erhöht sich der spezifische Rollwiderstand um 6 kg/t Fahrzeuggewicht.

RW_s = 6 kg/t pro cm Reifeneindringung

Die Summe aus dem konstanten und dem spezifischen Rollwiderstand durch die Reifeneindringung ergibt den gesamten Rollwiderstand (RW_g).

$$RW_g = RW_k + RW_s$$

Im Beispiel rechts sind somit 3.000 kg Felgenzugkraft erforderlich, um das Fahrzeug überhaupt bewegen zu können.

Da die Untergrundverhältnisse ständig wechseln, ergibt sich eine unbegrenzte Anzahl spezifischer Rollwiderstände. Aus praktischen Erwägungen werden für Kalkulationszwecke nur einige wenige, dafür aber typische Werte herangezogen:

TYPISCHE SPEZIFISCHE ROLLWIDERSTÄNDE

Untergrundverhältnisse	RW_s
harte, glatte, befestigte Straße, keine Reifeneindringung bei Belastung, Beton, Asphalt	20 kg/t
feste, glatte Straße, die sich unter Belastung etwas verformt (bis 2 cm), Makadam-, Schotter- oder Erddecke	30 kg/t
unbefestigte Straße, ausgefahrener Weg, der unter Belastung stark nachgibt, Reifeneindringung bis 5 cm	50 kg/t
ausgefahrener, unbefestigter Weg mit ziemlich weicher Oberfläche, Reifeneindringung bis 10 cm	80 kg/t
loser Sand oder Kies	100 kg/t
weiche, schlammige, ausgefahrene Piste	100 – 200 kg/t
Schnee lose/fest	25/45 kg/t

ANNAHME

Ein Schwerlastkraftwagen mit 60 t Gesamtgewicht fährt auf einer Transportstraße, die Reifeneindringung beträgt 5 cm. Wie groß ist der gesamte Rollwiderstand?

LÖSUNG

$RW_g = RW_k + RW_s$

RW_g = 20 kg/t + 5 · 6 kg/t = **50 kg/t**

Der gesamte Rollwiderstand beträgt:

RW_g = 50 kg/t · 60 t = **3.000 kg**

Steigung 15 %

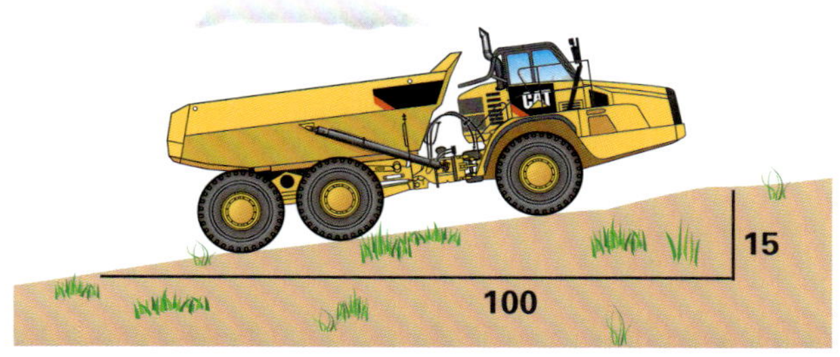

BESTIMMUNG DER STEIGUNG

Rollwiderstand bei Kettengeräten

Kettenfahrzeuge führen ihre „Fahrbahn" stets mit sich. Da aus Stahl, ist sie hart und glatt.

Kraftverluste, die durch innere Reibung und das Eindringen des Kettenlaufwerks in den Boden verursacht werden, sind minimal. Sie wirken sich infolge der relativ niedrigen Geschwindigkeiten von Kettenfahrzeugen kaum auf deren Leistung aus und können deshalb unberücksichtigt bleiben. Ist dem Kettengerät allerdings ein Radgerät angehängt, so tritt bei diesem ein Rollwiderstand auf, der berücksichtigt werden muss.

Steigungswiderstand

Bei jeder Bergauffahrt tritt sowohl bei Ketten- als auch bei Radgeräten wegen der Schwerkraft ein Fahrwiderstand auf, der Steigungswiderstand genannt wird. Im Erdbau und im Steinbruch wird die Steigung allgemein in Prozent angegeben, errechnet aus dem Verhältnis zwischen Höhenunterschied und Entfernung.

Ein Höhenunterschied von 15 m über eine Strecke von 100 m ergibt somit eine Steigung von 15 %.

Die Überwindung des Steigungswiderstands erfordert zusätzliche Kraft. Ein brauchbarer Erfahrungswert besagt:

Jedes Prozent Steigung erzeugt einen Fahrwiderstand von 10 kg/t Fahrzeuggewicht.

DIE „FAHRBAHN" DES KETTENGERÄTES

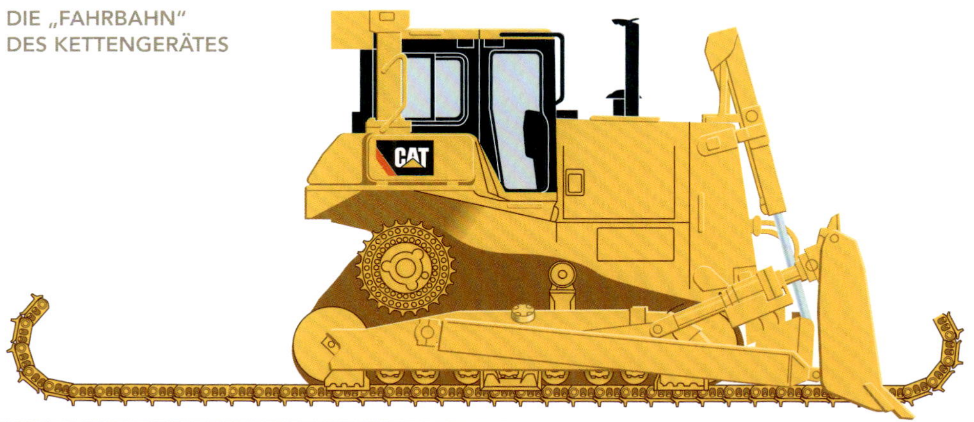

Da sowohl der Steigungswiderstand als auch der Rollwiderstand in kg/t angegeben wird, kann zwischen beiden Größen eine direkte Beziehung hergestellt werden:

1 cm Reifeneindringung = 6 kg/t Rollwiderstand
1 % Steigung = 10 kg/t Steigungswiderstand.

Man erkennt den Einfluss des Rollwiderstands sofort, wenn man ihn in Steigungswiderstand umrechnet.

Die Reifeneindringung von 10 cm entspricht einer Steigung von 8 %. Dies ist eine „Permanentsteigung" über die gesamte Bauzeit, sofern die Fahrbahnverhältnisse nicht geändert werden. Man kann ahnen, welchen Einfluss das auf die Geschwindigkeit (und auch auf den Kraftstoffverbrauch) hat, man denke nur an die LKW-Kolonnen an Steigungsstrecken. Wir kommen hierauf bei den Transportgeräten zurück.

Auf Steigungsstrecken addieren sich Roll- und Steigungswiderstand und ergeben die wirksame Steigung.

ANNAHME
Ein Radgerät fährt in der Ebene mit einer Reifeneindringung von 10 cm. Welcher Steigung entspricht dieser Wert?

LÖSUNG
$RW_g = RW_k + RW_s$
$RW_g = 20\ kg/t + 10 \cdot 6\ kg/t$
$RW_g = 80\ kg/t$
Steigung = 8 %

Gefälleschub
Bei einem Gefälle wirkt die Schwerkraft als unterstützende Kraft, die das Fahrzeug zusätzlich antreibt. Dieser Gefälleschub (GS) kann wünschenswert sein, z. B. beim Reißen, er kann aber auch ein Gerät so beschleunigen, dass eine Gefahr entsteht. Der zusätzlichen Schubkraft muss dann eine entsprechende Bremskraft entgegenwirken.

Jedes Prozent Gefälle erzeugt eine Schubkraft von 10 kg/t Fahrzeuggewicht.

Auf Gefällestrecken wird der Gefälleschub durch den Rollwiderstand vermindert.

Auf die Felgenzugkraft- und Bremskraftbestimmung sowie die Ermittlung der Geschwindigkeiten wird später bei den Transportverfahren detailliert eingegangen.

ANNAHME
Ein Fahrzeug befährt eine Gefällestrecke von 12 %, die Reifeneindringung beträgt 5 cm. Wie groß ist das wirksame Gefälle?

LÖSUNG
Wirksames Gefälle
$= GS - RW_g$
$= 120\ kg/t - 50\ kg/t$
= 70 kg/t = 7 %

FAHRWIDERSTÄNDE

Eben:
Rollwiderstand

Bergfahrt:
Rollwiderstand plus
Steigungswiderstand

Talfahrt:
Rollwiderstand minus
Gefälleschub

ANNAHME

Die Fahrbahn führt über vier Abschnitte mit unterschiedlichen Steigungen. Gefragt ist nach der Durchschnittssteigung.

Abschnitt A:
100 m mit 10 % Steigung

Abschnitt B:
400 m eben

Abschnitt C:
800 m mit 6 % Steigung

Abschnitt D:
1.200 m mit 5 % Steigung

LÖSUNG

100 m · 10 %	=	1.000
400 m · 0 %	=	0
800 m · 6 %	=	4.800
1.200 m · 5 %	=	6.000
2.500 m	=	**11.800**

$\frac{11.800}{2.500} = \mathbf{4{,}7}$

Die Steigung beträgt im Durchschnitt 4,7 %.

Bei Baustellen mit unterschiedlichen Fahrbahnverhältnissen reicht es für Kalkulationen meist aus, die mittleren Bedingungen zu berechnen, sofern nicht Abschnitte mit extremen Werten auftreten.

Nach gleichem Muster lassen sich unterschiedliche Rollwiderstände und der durchschnittliche Gefälleschub bzw. der wirksame Fahrwiderstand insgesamt bestimmen. Die Ermittlung der Fahrwiderstände wird benötigt zur Bestimmung der erforderlichen Kraft, die zur Überwindung des Fahrwiderstands aufgewendet werden muss.

4.1.2 VERFÜGBARE KRAFT

Für Kalkulationen und Vergleiche ist es wichtig zu wissen, über wie viel Kraft ein Erdbewegungsgerät verfügt und mit welcher Geschwindigkeit es bei bestimmten Einsatzbedingungen fahren kann. Erst damit lässt sich eine Aussage über die zu erwartende Geräteleistung treffen.

Die verfügbare Kraft muss größer sein als die erforderliche Kraft.

Die verfügbare Kraft einer Erdbewegungsmaschine wird vor allem beeinflusst durch die installierte Motorleistung und durch das Motordrehmoment. Die Motorleistung ist ein Parameter für die zu erreichende Geschwindigkeit, das Drehmoment und sein Anstieg lassen eine Aussage über das Durchzugsvermögen zu.

Besonders das Drehmoment hat bei Arbeitsmaschinen außerordentliche Bedeutung, und es verwundert schon etwas, dass die Geräteklassifizierung (manchmal auch die Bezahlung!) fast ausschließlich nach der Motorleistung erfolgt. Motorleistung und Drehmoment sind abhängig von der Drehzahl des Motors, wie das nachfolgende Diagramm zeigt.

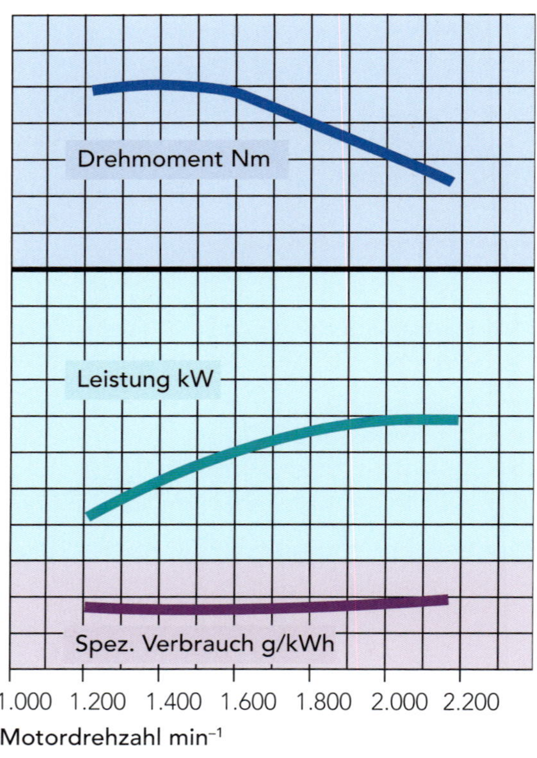

MOTORLEISTUNG UND DREHMOMENT

Die Motorleistung steigt mit zunehmender Drehzahl bis zur Nennleistung. Das Drehmoment steigt zunächst an, erreicht sein Maximum, um dann mit zunehmender Drehzahl wieder abzufallen.

Die Motorkraft wird über Drehmomentwandler, Untersetzungs- und Verteilergetriebe zu den Antriebsrädern weitergeleitet, wobei gewisse Übertragungsverluste auftreten. Die Darstellung erfolgt in Zugkraft-Geschwindigkeits-Diagrammen, die für Transportgeräte meist in den technischen Datenblättern mitgeteilt sind. In diesen Diagrammen kann die verfügbare Kraft der erforderlichen Kraft gegenübergestellt werden. Die daraus resultierenden maximalen Geschwindigkeiten und der zu wählende Gang sind so ablesbar.

Die Vorgehensweise bei der Bestimmung der Fahrgeschwindigkeit ist folgende (siehe Diagramm):

Punkt A
Bestimmen der wirksamen Steigung

Punkt B
Schnittpunkt der Senkrechten von Leer- oder Gesamtgewicht und der wirksamen Steigung

Punkt C
Gangwahl: Schnittpunkt der Waagerechten durch Punkt B mit der Gangkurve

Punkt D
Ermitteln der Geschwindigkeit: Senkrechte durch Punkt C

Punkt E
Erforderliche Zugkraft: Verlängerung der Waagerechten BC

Punkt F
Verfügbare Zugkraft: Folgen der 1. Gang-Kurve bis zum Maximum

Ein konkretes Beispiel folgt bei der SKW-Leistungsbestimmung.

ZUGKRAFT-GESCHWINDIGKEITS-DIAGRAMM

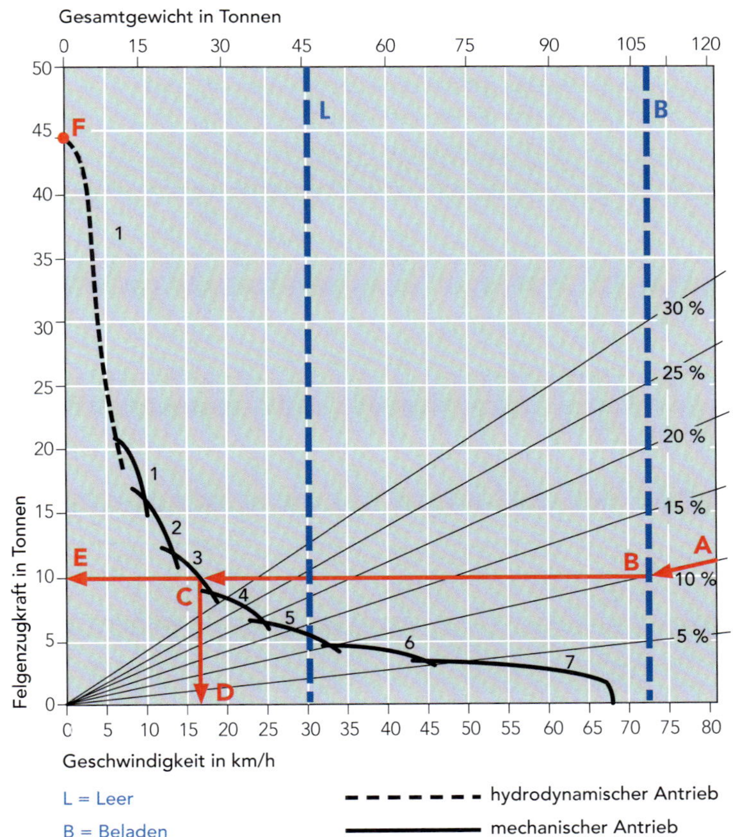

Einfluss der Höhenlage auf die verfügbare Kraft

Mit zunehmender Höhe verringert sich wegen des sinkenden Sauerstoffangebots die Leistung von selbstansaugenden Motoren, etwas weniger die von aufgeladenen. Auch die verfügbare Kraft wird weniger und somit die Steigfähigkeit und Geschwindigkeit. Allgemein gilt, dass bei Höhenlagen über 1.000 m die verfügbare Kraft um 1 % pro 100 m abnimmt.

4.1.3 NUTZBARE KRAFT

Die in einem Gerät installierte verfügbare Kraft kann nur zu einem Teil nutzbar gemacht werden. Die nutzbare Kraft hängt maßgeblich von zwei Faktoren ab:

1. Gewicht auf den Antriebsrädern
2. Bodenschlusskoeffizient.

Die Bestimmung der nutzbaren Zugkraft ist besonders bei kritischen Einsätzen wichtig, z. B. bei extremer Steigung, schlechtem Bodenschluss oder hoher geforderter Zughakenkraft.

Nutzbare Zugkraft = Bodenschlusskoeffizient · Gewicht auf den Antriebsrädern

Der Bodenschlusskoeffizient ist abhängig vom Untergrund, auf dem ein Rad- oder Kettengerät fährt. Er wird durch Versuch auf der Basis einer Umkehrung obiger Formel ermittelt.

BODENSCHLUSSKOEFFIZIENTEN

Material	Reifen	Ketten
Beton	0,90	0,45
Steinbruchsohle	0,65	0,55
toniger, trockener Lehm	0,55	0,90
fester Boden	0,55	0,90
toniger, nasser Lehm	0,45	0,70
loser Boden	0,45	0,60
nasser Sand	0,40	0,50
Schotterweg	0,36	0,50
trockener Sand	0,20	0,30
fester Schnee	0,20	0,25
Eis	0,12	0,12
Kohle auf Halde	0,45	0,60

Die wichtigste Begrenzung der nutzbaren Zugkraft stellt das Maschinengewicht dar. Allgemein gilt, dass kein Erdbewegungsgerät mehr Zugkraft entwickeln kann als die auf die Antriebsräder wirkende Gewichtskraft.

So kann beim Kettengerät und beim allradgetriebenen Radgerät das gesamte Gewicht eingesetzt werden. Nicht allradgetriebene SKW sind meist so konstruiert, dass nach Beladung etwa zwei Drittel des Gesamtgewichts auf die angetriebene Hinterachse wirken.

Bei Kettengeräten wird die Zugkraft als Zughakenkraft bezeichnet, da sie sich am besten am Zughaken messen lässt. Bei Radgeräten misst man die Felgenzugkraft, die vom Reifen auf den Boden übertragene Kraft.

Dazu zwei Rechenbeispiele:

BEISPIEL 1
Welche Zughakenkraft kann ein 19,8 t schwerer Kettendozer theoretisch auf einer ebenen Betonstraße entwickeln?

LÖSUNG
Nutzbare Zugkraft =
Gesamtgewicht · Bodenschlusskoeffizient
= 19.800 kg · 0,45 = **8.910 kg**

BEISPIEL 2
Welche Felgenzugkraft kann ein hinterradgetriebener, beladener SKW mit einem Gesamtgewicht von 75,7 t auf einem Schotterweg bei 67 % Lastverteilung auf der Hinterachse max. entwickeln?

LÖSUNG
Nutzbare Zugkraft =
Gewicht auf Antriebsachse · Bodenschlusskoeffizient
= 75.700 kg · 0,67 · 0,36
= **18.259 kg**

KETTENDOZER BEIM MATERIALTRANSPORT

4.2 KETTENDOZER

Kettendozer (KD) werden in den verschiedenen Phasen des Erdbaus eingesetzt. Eine exakte Trennung zwischen Lösen, Laden, Transportieren und Einbauen ist nicht immer möglich. Hier soll schwerpunktmäßig das Abschieben von Material behandelt werden, also der Transport. Auf das Verteilen des Bodens wird im Kapitel „Einbau" eingegangen.

Das Angebot an Kettendozern ist sehr breit gefächert. Es reicht von der kleinen Planierraupe im Landschaftsbau bis hin zur großen Reißraupe im schweren Erdbau.

Die Geräteausrüstungen müssen der großen Einsatzvielfalt entsprechen. Spezielle Bodenplatten für den Einsatz in wenig tragfähigen Böden gehören ebenso dazu wie verlängerte Laufwerke und eine große Palette unterschiedlichster Schildtypen.

4.2.1 LÖSEN UND ABSCHIEBEN

Beim Lösen von fest anstehendem Material und dem Transport werden die besten Maschinenleistungen erzielt, wenn Kettendozer und Schild gut aufeinander abgestimmt sind. Hierzu benötigt man in erster Linie zwei Informationen:

- Welches Material soll abgeschoben werden?
- Wo liegen die Leistungsgrenzen des Gerätes?

Einfluss des Materials

Kettendozer können fast alle Materialarten abschieben, jedoch mit recht unterschiedlichem Erfolg. Einige die Leistung beeinflussende Materialkenngrößen sollen angesprochen werden.

Korngröße

Je gröber die Körnung, desto schwerer kann das Schneidmesser eindringen. Der Schildfüllungsgrad wird niedrig sein. Dies macht sich besonders im Felsbau bemerkbar. Deshalb sollte der Kettendozer eher größer als zu klein dimensioniert sein.

Kornform

Scharfkantiges Korn widersetzt sich der natürlichen Rollwirkung. Das Gleiche gilt für eine plattige oder „fischförmige" Kornform. Nicht vor dem Schild abrollendes Material verlangt weit mehr Kraft als Material mit runder Kornform.

Hohlraum

Dichtgelagertes, gewachsenes Material weist wenig Hohlräume auf, der Löseaufwand steigt, da das Eindringen des Schilds erschwert wird. Loses Material weist bei guter Kornabstufung wegen der dichteren Lagerung ein höheres Schüttgewicht auf mit entsprechend größerem Aufwand beim Abschieben.

Feuchtigkeitsgehalt

Zunehmende Feuchtigkeit erhöht die Haftung zwischen den einzelnen Materialteilchen, besonders bei bindigen Bodenarten. Hierdurch wird das Lösen erschwert, das Abschieben verlangt wegen des höheren Gewichts mehr Kraft. Ein optimaler Feuchtigkeitsgehalt, der die besten Bedingungen beim Abschieben bietet, liegt dann vor, wenn das Material vor dem Schild rollt. Das ist meist bei krümeligem Material der Fall.

Frost

Die Materialbindung wird bei Frost erhöht, sofern Feuchtigkeit im Boden ist. Es ist erheblich mehr Aufwand beim Lösen und Abschieben erforderlich. Trockenes Material ändert sich bei Frost kaum.

Leistungsgrenzen

Die an einen Kettendozer zu stellenden Forderungen lassen sich beschreiben mit gutem Eindring- und Füllvermögen des Schilds und gutem Schubvermögen bei hoher Geschwindigkeit.

Für das leichte Eindringen in das Material und das schnelle Füllen des Schilds wird ein wirkungsvolles Verhältnis von Motorleistung zu Schneidmesserlänge (kW/m) verlangt. Bei schweren Böden der Bodenklasse 5 besteht leicht die Gefahr der Untermotorisierung. Häufig werden zu große Schilde ausgewählt, besonders bei kleineren Kettendozern. Hierdurch erfolgt in der Regel keine Leistungssteigerung, sondern eine Leistungsminderung.

Das Gewicht und die Motorleistung bestimmen das Schubvermögen eines Kettendozers. Die größte nutzbare Schubkraft ergibt sich aus der Multiplikation des Gerätegewichts mit dem entsprechenden Bodenschlusskoeffizienten. Die größte Abschubleistung erhält man jedoch, wenn der Kettendozer bei guter Schildfüllung mit moderater Schubgeschwindigkeit arbeitet (also nicht immer mit der größtmöglichen Schildfüllung). Die Grenzen des Abschiebens sind dann erreicht, wenn das Gewicht der abzuschiebenden Masse über die größte nutzbare Schubkraft geht. Dies kann leicht der Fall sein bei schlechtem Bodenschluss, zu großem Schild oder bei schweren, nassen Böden.

Im Felseinsatz kann eine zu große Schildfüllung wegen des schlechten Bodenschlusses dieses Materials leicht zum Durchdrehen der Ketten führen, hoher Laufwerksverschleiß ist dann vorprogrammiert.

4.2.2 SCHILDTYPEN

Das Hauptwerkzeug eines Kettendozers ist sein Schild. Je nach der gestellten Aufgabe können die Geräte mit unterschiedlichen Schilden ausgerüstet sein. Die gebräuchlichsten Schildformen seien kurz aufgeführt.

Darüber hinaus werden eine ganze Reihe Spezialschilde angeboten, u. a. zum Scraper-Pushen, zum Roden und Rechen, zum Baumfällen, für Leichtgut wie Kohle oder Holzspäne, für den Mülleinsatz.

Der S-Schild (engl. straight blade), auch als Brustschild oder Querschild bezeichnet, ist der vielseitigste Schild und besonders geeignet, wenn gewachsenes Material, auch leichter Fels, gelöst und abgeschoben werden soll. Das Verhältnis von Motorleistung zu Schneidmesserlänge ist besonders günstig.

Der S-Schild ist ein gerader Schild, dessen Enden leicht nach vorn abgewinkelt sind. Er wird allgemein mit Kippzylindern verwendet, die ein vertikales Kippen erlauben, wodurch die Vielseitigkeit und das Leistungsvermögen erhöht werden.

S-SCHILD

U-SCHILD

Der U-Schild (engl. universal blade) eignet sich besonders für große Massenbewegungen, so vor allem dann, wenn lose Massen über größere Entfernungen geschoben werden müssen. Die breit nach vorn abgewinkelten Schildflügel sorgen dafür, dass das Material beim Längstransport immer wieder zur Schildmitte hinbewegt wird. Dadurch wird ein Materialverlust vermieden.

U-Schilde werden eingesetzt, wenn das Eindringen in das Material kein besonderer Faktor ist. Auch U-Schilde werden mit Kippzylindern ausgerüstet.

SU-SCHILD

Der Semi-U-Schild stellt einen akzeptablen Kompromiss dar zwischen den positiven Eindringeigenschaften des S-Schilds und dem großen Schubvermögen des U-Schilds.

Die Seitenflügel sind kurz, da sie nur das Eckmesser enthalten, sie verhindern jedoch relativ gut ein Wegfließen des Materials. Kippzylinder gehören zur Standardausrüstung.

P-SCHILD

Der P-Schild (engl. power-angle blade) ist hydraulisch schwenk- und kippbar. Diese Planiereinrichtung wird bevorzugt für kleinere Kettendozer vorgesehen.

Die Einsatzmöglichkeit ist ziemlich universell, jedoch sollten mit dem Schild eher Verteilarbeiten als reine Transportarbeiten durchgeführt werden.

4.2.3 LEISTUNGSBERECHNUNG

Die Leistung beim Abschieben und Transportieren hängt hauptsächlich von der Schildfüllung, der Schubweite und den Fahrgeschwindigkeiten bzw. der Anzahl der Arbeitstakte ab.

$$Q = V \cdot AT/h$$

Schildfüllung

Die Schildfüllung (V) ergibt sich als Produkt von Schildinhalt (Schildkapazität) und Schildfüllungsgrad. Die Schildkapazität ist bauartbedingt, der Füllungsgrad materialabhängig.

Der Schildinhalt wird (SAE-Empfehlung J 1265) nach folgender Formel berechnet:

$$V_s = 0{,}8 \cdot b \cdot h^2$$

V_s = Schildinhalt Brustschild (S-Schild)
b = Schildbreite
h = Schildhöhe

Man findet auch eine Berechnung des Schildinhalts ohne den Faktor 0,8, also einfach nach $b \cdot h^2$, ebenso eine Berechnung mit dem Faktor 0,5. Bei einem Gerätevergleich sollte deshalb immer der Berechnungsmodus berücksichtigt werden. Die SAE-Empfehlung mit dem Faktor 0,8 erscheint praxisgerecht.

Mit folgenden durchschnittlichen Schildkapazitäten für S-Schilde ist zu rechnen:

SCHILDKAPAZITÄTEN S-SCHILD

Motorleistung (kW)	Schildinhalt (m^3)
50	1,2
75	1,9
100	3,4
150	4,3
225	7,8
300	11,5

Für U- und Semi-U-Schilde ergeben sich wegen deren Bauart höhere Schildkapazitäten, die sich wie folgt berechnen lassen:

$$V_u = V_s + z \cdot h \cdot (b - z) \cdot \tan x$$

z = Flügelllänge, parallel zur Schildbreite b gemessen
x = Flügelwinkel

U- und Semi-U-Schilde werden als Massenräumschilde für große Kettendozer vorgesehen. Ihre Inhalte betragen etwa:

SCHILDKAPAZITÄTEN SU- UND U-SCHILD (CAT)

Cat Typ	Motorleistung (kW)	SU-Schild (m^3)	U-Schild (m^3)
D7E	179	6,9	8,3
D8T	264	10,3	11,8
D9T	325	13,5	16,4
D10T2	447	18,5	22,0
D11R	634	27,2	34,4

Die genauen Schildkapazitäten sowie die Werte für weitere Schildtypen und für Kettendozer in Moorausrüstung sind den jeweiligen Gerätespezifikationen zu entnehmen. Hierbei ist, wie gesagt, der Berechnungsmodus zu berücksichtigen.

Schildfüllungsgrade
Die Schildfüllung hängt weitgehend von der Lösbarkeit des Bodens, aber auch von seiner Konsistenz und Kornform ab. Die nebenstehende Tabelle kann lediglich als Anhalt dienen.

Bei der Schildfüllung handelt es sich um die lose Masse. Entweder wird der Boden mit dem Schild gelöst, oder aber es wird gelöstes Material, z. B. gesprengter oder gerissener Fels, abgeschoben. Für die Umrechnung in fm³ können die im Kapitel „Material" aufgeführten Auflockerungsfaktoren eingesetzt werden.

Arbeitstakte pro Stunde
Die Anzahl der Arbeitstakte pro Stunde (AT/h) hängt sowohl vom Wirkungsgrad (Zeitgrad) ab (wie viel Minuten beträgt die tatsächliche Arbeitszeit pro Stunde?) als auch von den Fahrgeschwindigkeiten und der Entfernung.

Kettendozer werden überwiegend mit einem 3-Gang-Planetenlastschaltgetriebe ausgerüstet. Das Abschieben von „totem" Material erfolgt dabei im 1. Gang, ansonsten wird im 2. Gang abgeschoben. Für die Rückfahrt eignet sich der 2. Gang, bei großen Schubweiten und einigermaßen ebenem Schubweg sollte der

BODENART – FÜLLUNGSGRAD

Bodenart	Füllungsgrad (%)
Bkl. 1: Oberboden	95 – 100
Bkl. 3: leicht lösbar	95 – 100
Bkl. 4: mittelschwer lösbar	90 – 95
Bkl. 5: schwer lösbar	85 – 90
Bkl. 6: gelöster Fels kleinstückig	75 – 80
Bkl. 6: gelöster Fels grobstückig	50 – 70

3. Gang vorgesehen werden. Die Rückfahrgeschwindigkeiten liegen meist um bis zu 25 % höher als die Schubgeschwindigkeiten. Hierdurch reduziert sich die unproduktive Zeit, die Arbeitstakte werden kürzer.

Mit einem Wechselgetriebe ausgerüstete Geräte haben meist 5 bis 6 Gänge, was ein häufiges Schalten erfordert, will man im abwürgefreien Bereich bleiben. Viele Geräte sind heute bereits mit Automatikgetrieben ausgestattet. Kettendozer erreichen Fahrgeschwindigkeiten von über 10 km/h. Die möglichen Fahrgeschwindigkeiten sind den vom Hersteller angebotenen Diagrammen zu entnehmen.

Diese Geschwindigkeitsdiagramme weisen außerdem jeder Geschwindigkeit die entsprechende Zugkraft zu.

ZUGKRAFT-GESCHWINDIGKEITS-DIAGRAMM

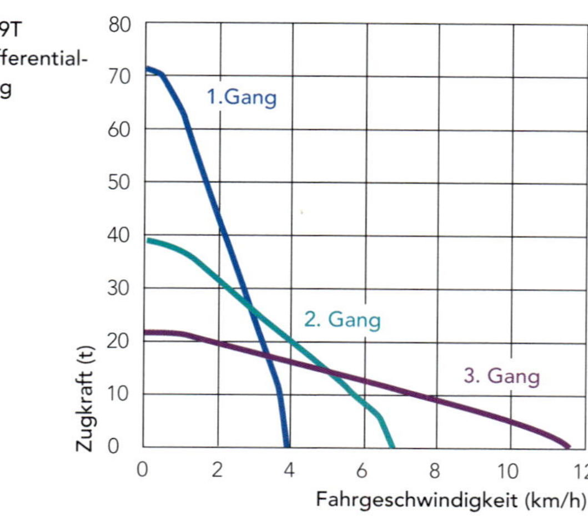

4.2.4 ABSCHUBLEISTUNGEN

Die Basisleistungen der Kettendozer sind in unten stehender Tabelle aufgeführt. Es sind Maximalleistungen, angegeben in lm^3/h, die für den Praxisbetrieb mit entsprechenden Korrekturfaktoren multipliziert werden müssen.

Die Leistungen basieren auf folgenden Bedingungen:

- Wirkungsgrad 100 % (60 min/h)
- Ebene, horizontale Schubstrecke
- Geräte mit Lastschaltgetriebe
- S-Schild und hydraulische Schildführung
- Bodenschlusskoeffizient 0,5 und höher
- Schildfüllung über eine Schneidstrecke von 15 m, dann ebener Transport
- Abkippen über Kante
- Leicht lösbarer Boden, Raumgewicht 1.800 kg/fm^3
- ausgezeichneter Geräteführer
- 0,05 min für Richtungswechsel
- Schildfüllen im 1. Gang
- Abschieben und Rückfahren im 2. Gang.

ABSCHUBLEISTUNGEN KETTENDOZER MIT S-SCHILD

			Motorleistung (kW)/Schildinhalt (lm^3)					
Weite	**ATZ**	**AT/h**	**50/1,2**	**75/1,9**	**100/3,4**	**150/4,3**	**225/7,8**	**300/11,5**
(m)	**(min)**	**(Anz.)**	**(lm^3/h)**					
20	0,73	82,2	99	156	279	353	641	945
30	1,03	58,3	70	111	198	251	455	670
40	1,37	43,8	53	83	149	188	342	504
50	1,71	35,1	42	67	119	151	274	404
60	2,06	29,1	35	55	99	125	227	335
70	2,41	25,1	30	48	85	108	195	288
80	2,74	21,9	26	42	74	94	171	252
90	3,09	19,4	23	37	66	83	151	223
100	3,43	17,5	21	33	60	75	137	201

Korrekturfaktoren
Die Grundleistung ändert sich, sobald sich eine der Basisdaten ändert.

KORREKTURFAKTOREN

Zeitgrad	50 min	0,83
	45 min	0,75
Fahrer	ausgezeichnet	1,00
	durchschnittlich	0,75
Material	lose	1,20
	schwer zu schneiden	0,80
	gefroren	0,80
	schwer zu schieben, Fels	0,80
	gerissen/gesprengt	0,60 – 0,80
Schieben	im Einschnitt	1,20
	parallel Seite an Seite	1,20
Schlechte Sicht	(Nebel, Nacht, Schnee)	0,80
Wechselgetriebe		0,80
SU-Schild		1,20 – 1,40
U-Schild		1,40 – 1,60

Gefälle erzeugen einen zusätzlichen Schub und erhöhen die Leistung, Steigungen reduzieren sie. Es können die in der nebenstehenden Grafik aufgestellten Faktoren angesetzt werden.

KORREKTURFAKTOR FÜR STEIGUNG UND GEFÄLLE

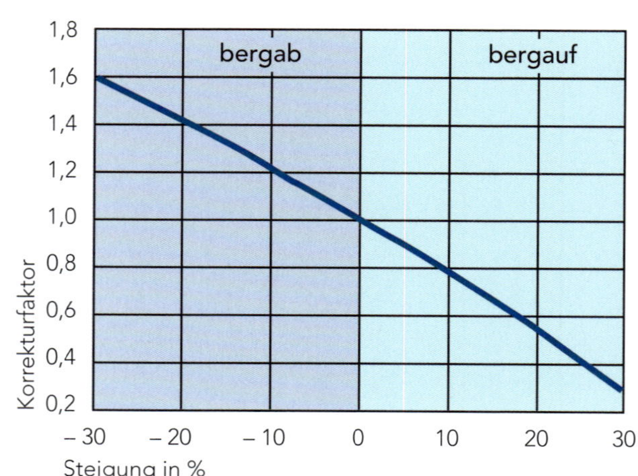

Beispiele zur Berechnung von Abschubleistungen
Falls keine Leistungstabellen oder -kurven vorliegen, aus denen die Grundleistung entnommen werden kann, erfolgt die Berechnung durch Bestimmung von Schildinhalt und Arbeitstaktzeit (Beispiel 1).

Beispiel 2 knüpft an die Berechnung des Kettendozers D10T auf Seite 43 an: Für das in 1 h durch Reißen gelöste Material von 740 fm³ oder 1.184 lm³ oder 1.847 t werden 1,9 h zum Abschieben benötigt, somit für Reißen und Abschieben zusammen 2,9 h. Daraus errechnet sich eine Gesamtleistung von 255 fm³/h oder 408 lm³/h oder 636 t/h.

BEISPIEL 1
Welche Leistung schafft ein mit einem 3,4-m³-S-Schild ausgerüsteter, 100 kW starker Kettendozer bei folgenden Einsatzbedingungen?

ANNAHME
Material:
Sand-Ton-Gemisch, trocken
Auflockerung: 25 %
Schüttgewicht: 1.440 kg/lm³
Transport: eben
Förderweite: 30 m
Zeitgrad: 0,83 ≙ 50 min/h
Fahrer:
durchschnittlich (Faktor 0,75)

BERECHNUNG
Der Tabelle auf Seite 109 entnimmt man für einen KD mit 100 kW bei 30 m Schubweite eine Grundleistung von
Q = 198 lm³/h

Effektive Leistung:
Q = 198 lm³/h · 0,83 · 0,75
= 123 lm³/h

Effektive Leistung in fester Masse bei 25 % Auflockerung:
Q = 98 fm³/h

BEISPIEL 2
Welche Zeit benötigt z. B. der Cat D10T, um die im Kapitel „Lösen" ermittelte stündliche Reißleistung von 740 fm³ Kalkstein abzuschieben?

BASISDATEN
Schubweg:
40 m (halbe Reißlänge)
Schildinhalt U-Schild: 20 lm³
Schildfüllungsgrad: 70 %
Auflockerung: 60 %
Schüttgewicht: 1.560 kg/lm³
Leistungsgrad:
83 % ≙ 50 min/h
Transport: eben
Abkippen: über Kante
Fahrer: durchschnittlich

LEISTUNGSBERECHNUNG
Bestimmung der Arbeitstaktzeit:
Abschieben:
15 m mit 3 km/h = 0,3 min
25 m mit 5 km/h = 0,3 min
Rückfahrt:
40 m mit 6 km/h = 0,4 min
Richtungswechsel:
2 · 0,05 min = 0,1 min
Arbeitstaktzeit: = 1,1 min
Arbeitstakte pro h:
$$\frac{50 \text{ min/h}}{1{,}1 \text{ min/AT}} = \mathbf{45{,}5\ AT/h}$$
Schildfüllung:
20 lm³ · 0,7 Füllungsgrad
= 14 lm³
Leistung pro h:
45,5 AT/h · 14 lm³/AT
= 637 lm³/h
Erforderliche Zeit für 740 fm³:
740 fm³ · 1,6 (Auflockerung)
= 1.184 lm³
$$\frac{1.184 \text{ lm}^3}{637 \text{ lm}^3\text{/h}} = \mathbf{1{,}9\ h}$$

MOORRAUPE IM EINSATZ

4.2.5 EINSATZ VON MOORRAUPEN

Wasserhaltige, bindige Böden mit einem hohen Feinkornanteil lassen sich mit Erdbaugeräten nur dann befahren, wenn durch die Maschinenbelastung die Scherfestigkeit nicht so weit absinkt, dass die Tragfähigkeit überschritten wird.

Die Belastung des Bodens beim Befahren setzt sich zusammen aus dynamischen Kräften in Form von Beschleunigungs-, Brems- und Zentrifugalkräften, die horizontal wirken, sowie aus vertikal wirkenden statischen Kräften, hervorgerufen durch das Maschinengewicht. Entscheidend ist dabei die Tragfähigkeit des Bodens unmittelbar unter der Aufstandsfläche des Gerätes.

Maschinengewicht und Aufstandsfläche – diese beiden Faktoren bestimmen den Bodendruck. Radgeräte haben wegen der geringeren Aufstandsfläche höhere Bodendrücke als Kettengeräte und sind bei schlechter Tragfähigkeit nicht einsetzbar.

Aber auch Kettendozer in Standardausführung können schnell ihre Einsatzgrenze finden. Ihre Bodendrücke steigen mit zunehmender Gerätegröße von etwa 0,43 kg/cm² (43 kPa) für ein 7,3-t-Gerät bis auf über 1,0 kg/cm² (100 kPa) für einen Kettendozer mit z. B. 48 t.

Bei Moorraupen wird der Bodendruck durch eine Vergrößerung der Geräteaufstandsfläche (größere tragende Kettenlänge, breitere Bodenplatten) erheblich reduziert. Kleine Geräte erreichen dabei Werte unterhalb von 0,3 kg/cm² (30 kPa), und selbst Geräte mit 27 t Einsatzgewicht (in etwa die Grenze der Moorraupen) liegen noch unter 0,5 kg/cm² (50 kPa).

4.2.6 ARBEITEN AN BÖSCHUNGEN UND STEIGUNGEN

Zunächst muss den Betriebs- und Wartungshandbüchern entnommen werden, bis zu welcher maximalen Steigung die Schmierung eines Gerätes gewährleistet ist und welche speziellen Maßnahmen dafür erforderlich sind. So gibt z. B. die Firma Caterpillar für ihre Kettendozer bei sachgerechter Schmierung eine maximale Steigung von 100 Prozent (45° Steigungswinkel) an. Dann müssen aus sicherheits- und einsatztechnischer Sicht eine ganze Reihe wichtiger Punkte beim Arbeiten an Hängen und Böschungen beachtet werden, von denen einige angesprochen sein sollen.

ARBEITEN AN BÖSCHUNGEN

- Die Arbeit erfordert ein ausgezeichnetes fahrerisches Können. Hierzu gehören vor allem Gerätevertrautheit und Besonnenheit. Wagemut ist fehl am Platz!
- Die Fahrgeschwindigkeit muss reduziert werden, um mehr Standsicherheit zu gewinnen.
- Bei unebener Geländeoberfläche sollte deutlich unterhalb der Einsatzgrenze gearbeitet werden.
- Steinige Oberflächen erleichtern das seitliche Abrutschen.
- Es sollte bedacht werden, dass bei frischen Auffüllstrecken das Gerät einsinken kann, was auch einseitig vorkommen kann.
- Tritt Kettenschlupf auf, dann besteht die Gefahr, dass sich die talseitige Kette eingräbt, wodurch der Geräteneigungswinkel vergrößert wird.
- Jede am Gerät angebrachte Ausrüstung verlagert den Geräteschwerpunkt, wodurch die Standfestigkeit verändert werden kann.
- Für das Arbeiten an Böschungen eignen sich besonders Geräte, die mit verlängertem Laufwerk ausgerüstet sind, wobei breitere Bodenplatten zusätzlich die Standsicherheit erhöhen, da sich die Kette nicht so leicht eingräbt.

4.3 LOAD & CARRY

Der Materialtransport mit LKW oder SKW kann im kurzen Entfernungsbereich schnell unwirtschaftlich werden, da die Transportgeräte fast nur noch an der Lade- und Entladestelle stehen und kaum Transportarbeit verrichten. So werden für eine Transportstrecke von 50 m bei einer Durchschnittsgeschwindigkeit von z. B. 12 km/h für Transport und Rückfahrt insgesamt nur 0,5 min benötigt. Dem stehen Lade-, Manövrier- und Entladezeiten in 4- bis 5-facher Höhe gegenüber.

In vielen Fällen, in denen mobile Ladegeräte zum Einsatz kommen, zeigt sich, dass es vorteilhafter sein kann, das Ladegerät auch zum Materialtransport in Anspruch zu nehmen und auf das Transportgerät ganz zu verzichten. Man spricht hier vom Laden und Transportieren oder Load and Carry.

Das Verfahren wird bevorzugt im stationären Gewinnungsbetrieb in Verbindung mit mobilen oder semimobilen Brechern angewendet. Da der Brecher nicht ständig nachgerückt werden kann, vergrößert sich die Förderweite zwischen der Ladestelle und dem Brecher. Für die Überbrückung dieser Entfernung hat sich der Radlader als sehr geeignet erwiesen.

RADLADER IM LOAD & CARRY-EINSATZ

4.3.1 ENTFERNUNGSBEREICHE UND LEISTUNGEN

Bis zu welchem Entfernungsbereich der Radlader noch wirtschaftlich Transportarbeit verrichten kann, hängt von den Verhältnissen vor Ort ab. Die von der Entfernung abhängige Leistung wird maßgeblich beeinflusst von den möglichen Fahrgeschwindigkeiten. Diese hängen wiederum ab von der Fahrbahnbeschaffenheit und den Fahrwiderständen, wie Rollwiderstand und Steigung.

Bestimmung der Umlaufzeit

Die Zeit für einen Umlauf, die Arbeitstaktzeit, kann in zwei Teilzeiten untergliedert werden: die Fixzeit und die variable Zeit.

Die Fixzeit umfasst das Füllen der Schaufel, das Manövrieren des Radladers an der Lade- und Entladestelle sowie das Entleeren der Schaufel. Hierfür wird man im Dauerbetrieb eine Zeit von 0,5 min ansetzen können.

Fixzeit: 0,5 min

Die variable Zeit ergibt sich aus den Transport- und Rückfahrzeiten. Diese variieren wegen der sich ändernden Entfernungen und Fahrbedingungen.

Die Fahrzeiten sind den Fahrzeitdiagrammen der Geräte zu entnehmen (siehe unten). Sie bauen auf maximalen Fahrgeschwindigkeiten auf. Die Werte sind deshalb nur für einen kurzzeitigen Einsatz zu übernehmen, nicht jedoch für den Dauerbetrieb.

In der Praxis kommen im Dauerbetrieb Geschwindigkeiten von etwa 10 bis 16 km/h für die Lastfahrt und 12 bis 18 km/h für die Leerfahrt vor. Um diese Durchschnittsgeschwindigkeit als Dauergeschwindigkeit zu erreichen, bedarf es guter Fahrbahnen ohne Steigungen.

FAHRZEITDIAGRAMM LASTFAHRT (CAT 988H)

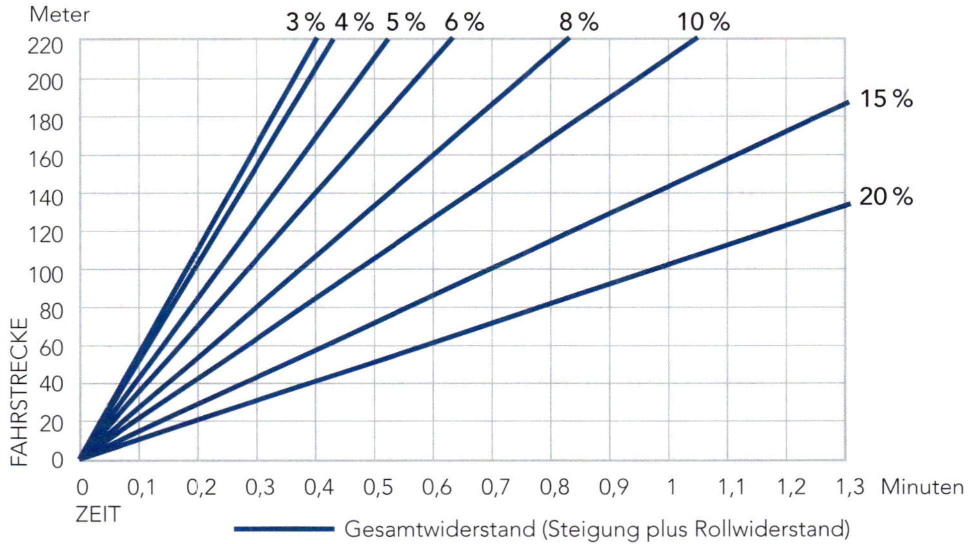

BESTIMMUNG DER UMLAUFZEIT

Für den Entfernungsbereich von 50 m bis 250 m und ebenen Transport bei 5 % Rollwiderstand ergeben sich bei einer Geschwindigkeit von 10 km/h (beladen) und 12 km/h (leer) nachfolgende Arbeitstaktzeiten:

Entfernung (m)	50	75	100	125	150	175	200	225	250
Fixzeit (min)	0,50	0,50	0,50	0,50	0,50	0,50	0,50	0,50	0,50
Transportzeit (min)	0,30	0,45	0,60	0,75	0,90	1,05	1,20	1,35	1,50
Rückfahrzeit (min)	0,25	0,38	0,50	0,63	0,75	0,88	1,00	1,13	1,25
ATZ (min)	1,05	1,33	1,60	1,88	2,15	2,43	2,70	2,98	3,25
AT/h (Anz.)	57	45	38	32	28	25	22	20	18

Wird die Geschwindigkeit durch Senkung des Rollwiderstands (3 %) auf 14 km/h (beladen) und 16 km/h (leer) erhöht, dann erhöhen sich auch die Arbeitstakte, und zwar wie folgt:

AT/h (Anzahl)	67	55	46	40	35	31	28	26	24

Die stündlichen Arbeitstakte finden sich in den beiden folgenden Kurven wieder, die als Ausgangsbasis für die Leistungsbestimmung dienen können. Die Anzahl der Arbeitstakte pro h ist gleichzusetzen mit der Transportleistung des Radladers bezogen auf 1 m³ Schaufelvolumen.

Da also nur die aktuellen Einsatzfaktoren eingesetzt werden müssen, erleichtert sich die Leistungsbestimmung.

ARBEITSTAKTE PRO STUNDE IN ABHÄNGIGKEIT VON DER ENTFERNUNG

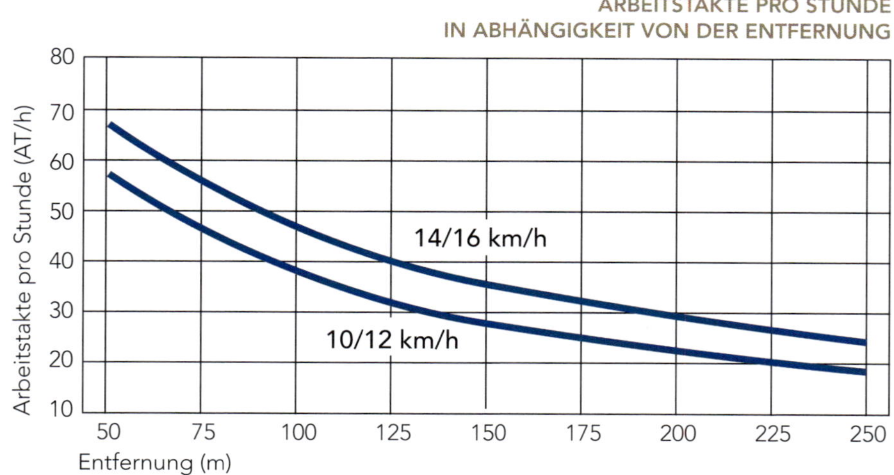

Beispiele für die Leistungsberechnung

BEISPIEL 1
Mit welcher Load-&-Carry-Leistung kann bei folgenden Bedingungen gerechnet werden?

ANNAHME
Gerät: 6,9-m^3-Radlader

Transport: Kalksteintransport über 75 m, ebene Strecke

Rollwiderstand: 5 %

Schüttgewicht: 1,55 t/m^3

Schaufelfüllung: 95 %

Wirkungsgrad:
83 % (50 min/h)

LEISTUNGSBERECHNUNG

45 Arbeitstakte
(laut Tabelle *Bestimmung der Umlaufzeit* S. 116)

L = 45 AT/h · 6,9 m^3 · 0,95 · 1,55 t/m^3 · 0,83 = **379 t/h**

BEISPIEL 2
Mit welcher Leistung kann gerechnet werden, wenn sich der Rollwiderstand von 5 auf 3 % reduziert?

Das Beispiel zeigt, welchen Einfluss gut ausgebaute Fahrstraßen auf die Förderleistung haben.

ANNAHME
Gerät: 6,9-m^3-Radlader

Transport: Kalksteintransport über 75 m, ebene Strecke

Rollwiderstand: 3 %

Schüttgewicht: 1,55 t/m^3

Schaufelfüllung: 95 %

Wirkungsgrad:
83 % (50 min/h)

LEISTUNGSBERECHNUNG

55 Arbeitstakte
(laut Tabelle *Bestimmung der Umlaufzeit* S. 116)

L = 55 AT/h · 6,9 m^3 · 0,95 · 1,55 t/m^3 · 0,83 = **464 t/h**

BEISPIEL 3
Wieviel m^3 feste Masse kann ein Radlader bei folgenden Bedingungen transportieren?

ANNAHME
Gerät: 3,5-m^3-Radlader

Transport: 150 m, ebene Strecke

Rollwiderstand: 5 %

Material: trockener Sand

Auflockerung: 12 %

Füllungsgrad: 90 %

Wirkungsgrad: 83 %

LEISTUNGSBERECHNUNG

28 Arbeitstakte
(laut Tabelle *Bestimmung der Umlaufzeit* S. 116)

L = 28 AT/h · 3,5 m^3 · 0,9 · 0,83 = **73 lm^3/h**

≙ bei 12 % Auflockerung
65 fm^3/h

4.4 SCHWERLASTKRAFTWAGEN

Als Schwerlastkraftwagen (Kurzform SKW, im Bergbaubetrieb häufig auch SLKW) werden speziell entwickelte Transportfahrzeuge bezeichnet, die sich aufgrund ihrer robusten Bauart von herkömmlichen LKW unterscheiden. Sie eignen sich besonders für härteste Einsätze im Steinbruch, Tagebau und Erdbau.

Das Konstruktionsprinzip eines SKW basiert maßgeblich auf zwei Forderungen:

- im Fels einsetzbar
- für Hochgeschwindigkeitstransport geeignet.

Spezielle starre Fahrzeugrahmen zur Aufnahme und Übertragung aller Längs- und Querkräfte, robuste Mulden, die jeder Schockbeladung standhalten, leistungsstarke Motoren, Wandler, Getriebe und Lenkanlagen gehören genauso zum Bauprinzip eines SKW wie spezielle Federungssysteme und Bremsanlagen. Dass auch die Bereifung entsprechend ausgelegt und dimensioniert sein muss, versteht sich von selbst, werden von modernen SKW doch Geschwindigkeiten von über 70 km/h erreicht. Als Federungssystem haben sich hydropneumatische Federungen außerordentlich gut bewährt. Ölgekühlte Lamellenbremsen und weitere Bremssysteme ermöglichen bei Talfahrt verhältnismäßig hohe Geschwindigkeiten bei entsprechender Sicherheit.

SKW unterscheiden sich von LKW auch in ihrer Dimension. Sie sind nicht straßenzugelassen. Im Erdbau kommen überwiegend Fahrzeuge mit Nutzlasten von 30 bis 50 t zum Einsatz. Der stationäre Gewinnungsbetrieb bevorzugt etwas größere Geräte mit 40 bis 100 t, aber auch Geräte mit über 300 t Nutzlast werden im Tagebau angetroffen.

Am gebräuchlichsten ist der 2-Achs-SKW als Hinterkipper. Bodenentleerer mit mehr als zwei Achsen bleiben dem sehr großen Materialtransport vorbehalten, z. B. beim Staudammbau.

SKW sollen im Hochgeschwindigkeitstransport einsetzbar sein, ein Grund, warum die meisten Hersteller ihre SKW mit Hinterradantrieb versehen und auf Allradantrieb verzichten.

4.4.1 BAUTECHNISCHE KRITERIEN FÜR DEN SKW-EINSATZ

Material

Das Material spielt als Ladegut eine untergeordnete Rolle, alle Erdbaustoffe können transportiert werden. Jedoch eignet sich der SKW besser als jedes andere Transportsystem für den Transport von Fels.

Das Materialgewicht erscheint wichtiger als die Materialart. Jedes Transportgerät hat zwei Kapazitätsbegrenzungen: die Volumen- und die Gewichtskapazität. Keine dieser Begrenzungen sollte permanent überschritten werden, will man Schäden vermeiden.

In der Praxis kommen Überladungen auch im Dauerbetrieb immer wieder vor, ein überproportionaler Kostenanstieg ist vorprogrammiert, man denke allein an die Reifen. So manche Bordwanderhöhung gefährdet die Wirtschaftlichkeit des Einsatzes, die Bezeichnung „Dividendenblech" wird ins Gegenteil verkehrt.

ANNAHME
SKW mit 41,5 m³ Muldeninhalt, 63,2 t Nutzlast

Bei einem Schüttgewicht von 1,5 t/m³ kann das gesamte Muldenvolumen ausgenutzt werden. Liegt das Materialgewicht niedriger, ist es zulässig, das Volumen durch Anbringen von Bordwanderhöhungen zu steigern.

Das kommt bei vielen Felsarten in Betracht, die besonders stark auflockern und bei denen keine allzu hohen Füllungsgrade erreicht werden.

Füllt man das gesamte Muldenvolumen hingegen mit losem Schüttgut wie feuchtem Sand oder Kies (1,8 t/m³), dann ergeben sich schnell beträchtliche Überladungen.

Nutzlast 41,5 m³ · 1,8 t/m³
= **74,7 t**
Überladung: 18 %!

Transportentfernung
Die wirtschaftliche Entfernungsgrenze erreicht der SKW bei etwa 5.000 m.

Man sollte beim Vergleich verschiedener Transportverfahren aber auch eine untere Entfernungsgrenze mitbeachten. Kurze Transportweiten begründen häufige Stopps an der Lade- und Entladestelle, verursachen Leistungseinbußen durch das ständige Beschleunigen und Abbremsen und lassen zudem keine hohen Fahrgeschwindigkeiten zu. Bei kurzen Entfernungen nimmt der Anteil der Fixzeiten (Be- und Entladen) an den Umlaufzeiten sehr stark zu, wie nebenstehendes Beispiel zeigt.

ANNAHME

41,5-m³-SKW, Beladung mit 6,9-m³-Radlader (6 Spiele)

a) 300 m,
Transport mit 15 km/h,
Rückfahrt mit 20 km/h

b) 3.000 m,
Transport mit 30 km/h,
Rückfahrt mit 40 km/h

BERECHNUNG

Entfernung	a) = 300 m	b) = 3.000 m
Beladezeit	3,6 min	3,6 min
Wagenwechselzeit	0,3 min	0,3 min
Entladezeit	0,8 min	0,8 min
Manövrierzeit Entladestelle	0,4 min	0,4 min
Transportzeit	1,2 min	6,0 min
Rückfahrzeit	0,9 min	4,5 min
Umlaufzeit	7,2 min	14,4 min
Fixzeiten	5,1 min = 71 %	5,1 min = 35 %
Fahrzeiten	2,1 min = 29 %	10,5 min = 65 %

Das Beispiel zeigt, wo eine Leistungsoptimierung ansetzen müsste. Die Fixzeiten, und hier besonders die Ladezeiten, beeinflussen die Transportleistung bei kurzen Förderwegen maßgeblich. Größere Ladegeräte erhöhen die Ladeleistung, gleichzeitig steigen aber auch die spezifischen Ladekosten. Es bleibt ein Rechenbeispiel herauszufinden, was wirtschaftlicher ist.

Bei längeren Wegstrecken hingegen kann ein kleineres Ladegerät durchaus vorteilhafter sein, da der Anteil der Fixzeiten geringer ausfällt.

Aus den gleichen Gründen hat die Transportentfernung auch auf die Dimensionierung der SKW einen wichtigen Einfluss. Bei kurzen Wegen ist ein Zuwachs an Transportvolumen nicht immer gleichzusetzen mit einem entsprechenden Leistungszuwachs.

In der Praxis hat sich, was die Entfernung angeht, folgendes Verhältnis zwischen Lade- und Transportgerät als günstig erwiesen:

ANZAHL LADESPIELE BEI VERSCHIEDENEN TRANSPORTENTFERNUNGEN

Beladung	Radlader	Bagger
kurze Entfernung bis 500 m	3 Ladespiele	5 Ladespiele
mittlere Entfernung 1.000 m	4 Ladespiele	7 Ladespiele
lange Entfernung > 1.000 m	5 Ladespiele	9 Ladespiele

Transportweg

SKW sind für einen Hochgeschwindigkeitstransport ausgelegt. Hohe Geschwindigkeiten lassen sich jedoch nur bei exzellenten Fahrbahnen erreichen. Somit kommt dem Fahrbahnbau und der Fahrbahnunterhaltung bei der wirtschaftlichen Erdbewegung eine Schlüsselstellung zu.

Fahrbahnen sollten breit angelegt werden, um ein gefahrfreies Passieren zu ermöglichen. Dabei sollte berücksichtigt werden, dass zusätzlich zu den SKW auch Versorgungsfahrzeuge, Motorgrader usw. die Fahrbahnen benutzen.

Fahrbahnbreite: ca. 3 SKW-Breiten ≙ 12 – 15 m

4.4.2 BESTIMMUNG DER FAHRZEIT IN ABHÄNGIGKEIT VOM FAHRWIDERSTAND

Mithilfe eines Felgenzugkraft-Geschwindigkeits-Diagramms lassen sich die möglichen Fahrgeschwindigkeiten bestimmen (siehe Diagramm).

Die Vorgehensweise bei der Bestimmung der Fahrgeschwindigkeit ist folgende:

FELGENZUGKRAFT-GESCHWINDIGKEITS-DIAGRAMM (SKW CAT 775F)

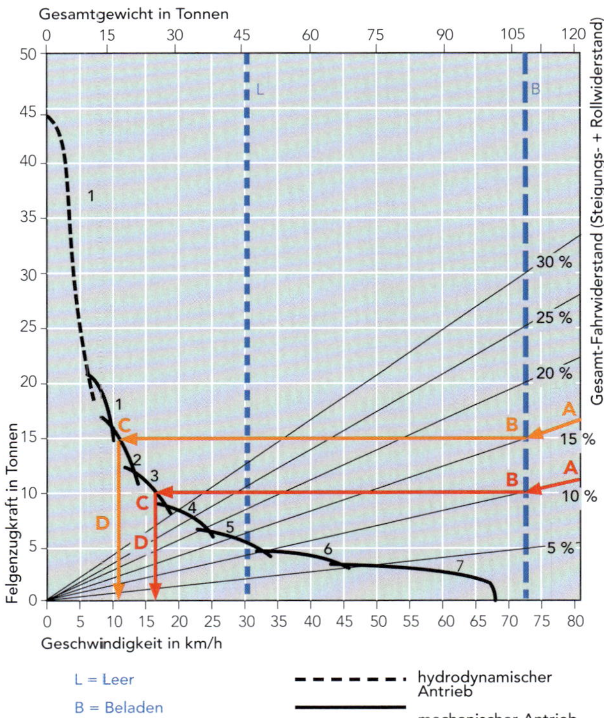

A Festlegen des Gesamtwiderstands in % (Steigung plus Rollwiderstand).

B Der Linie für den Gesamtwiderstand folgt man bis zum Schnittpunkt mit der senkrechten (gestrichelten) Linie für das Bruttogewicht des Fahrzeugs.

C Hier wird eine Linie parallel zur Geschwindigkeitsachse gezogen, die die Gangkurve schneidet.

D Die senkrechte Verbindung von der Gangkurve zur Geschwindigkeitsachse zeigt die mögliche Transportgeschwindigkeit an.

Bei der Geschwindigkeitsbestimmung für die Leerfahrt verfährt man analog, nur wird hier der Schnittpunkt mit der senkrechten (gestrichelten) Linie für das Leergewicht gebildet.

Für einen Gesamtwiderstand von 10 %, voll beladen, ergibt sich: **3. Gang, 16 km/h** (rote Linie).

Nimmt der Gesamtwiderstand auf 15 % zu, dann ändern sich die Werte nach vorseitigem Diagramm, es ergibt sich: **2. Gang, 11 km/h** (orange Linie).

Der Anstieg des Gesamtwiderstands von 10 auf 15 % bewirkt also eine deutliche Reduzierung der Fahrgeschwindigkeit.

Für die Geschwindigkeit im Dauerbetrieb ist ein Abschlag abhängig von der Transportweite zu berücksichtigen. Folgende Faktoren kommen in Betracht:

- Wegstrecke < 500 m: 60 % der max. Geschwindigkeit
- Wegstrecke > 500 m: 75 % der max. Geschwindigkeit.

Der Fahrbahnbau sollte den hohen dynamischen Belastungen des SKW-Verkehrs gerecht werden, um ein Eindringen der Reifen in den Fahrbahnuntergrund tunlichst zu vermeiden. Jede Überwindung eines Fahrwiderstandes erfordert eine erhöhte Felgenzugkraft, die zulasten der Fahrgeschwindigkeit und damit der Transportleistung geht. Es kommt hinzu, dass hohe Fahrwiderstände gleichzusetzen sind mit hohen Verbrauchswerten. Fahrbahnoberflächen sollten glatt und versiegelt sein sowie ein leichtes Seitengefälle aufweisen, um Oberflächenwasser ableiten zu können.

Steigungen üben den gleichen Einfluss auf die Fahrgeschwindigkeit aus wie der Rollwiderstand. Der SKW-Einsatz wird bei zu großen Steigungen unwirtschaftlich. Wenn möglich, sollten 10 % Steigung nicht überschritten werden, da die Geschwindigkeit bei zunehmender Steigung, wie gezeigt, überproportional abfällt. Lieber sollte ein längerer Fahrweg in Kauf genommen und so die Steigung reduziert werden, denn entscheidend ist die Fahrzeit, nicht die Weglänge.

Hochgeschwindigkeitspisten verlangen einen permanenten Einsatz von schweren, leistungsstarken Motorgradern für die Wegeunterhaltung. Die Geräte müssen schnittstabil sein, d. h. auch bei hohen (und konstanten) Arbeitsgeschwindigkeiten von über 10 km/h darf die Schar nicht flattern, auch nicht bei festem, steinigem Untergrund.

Für jeweils 3 bis 5 SKW (abhängig von der Transportweite) sollte ein Motorgrader vorgesehen werden. Der Mehraufwand hierfür zahlt sich aus in Form höherer Fahrgeschwindigkeit und damit Leistung und auch wegen deutlich niedrigerer Kraftstoffkosten.

Auch Staub kann die Sicherheit gefährden und dazu zwingen, die Geschwindigkeit herabzusetzen. Die beste Staubbindung erfolgt durch Wasser, der Einsatz eines Wasserwagens ist daher fast ein Muss.

KURVENÜBERHÖHUNG IN ABHÄNGIGKEIT VON GESCHWINDIGKEIT UND RADIUS PRO 3 M STRASSENBREITE

Jede Kurvenfahrt reduziert ebenfalls die Geschwindigkeit, zumal wenn kleine Radien vorliegen. Die in den Kurven auftretenden Querkräfte können zu Reifenschäden führen. Deshalb empfiehlt sich die Überhöhung von Kurven. Die Kurvenüberhöhung variiert mit dem Kurvenradius und der Fahrgeschwindigkeit. Die folgende Tabelle zeigt Richtwerte pro 3 m Straßenbreite an.

	Geschwindigkeit in km/h								
	8	**16**	**24**	**32**	**40**	**48**	**56**	**64**	**72**
Radius in mm	**Kurvenüberhöhung in mm**								
15	100	400	920						
30	50	200	480	820					
60	30	100	240	410	640	920			
90	20	70	160	270	430	610	840	1.010	
120	10	50	120	200	320	460	620	820	1.030
150	10	40	90	160	260	370	500	650	830
180	10	30	80	140	210	300	420	550	690
210	10	30	70	120	180	260	360	470	590
240	10	30	60	100	160	230	310	410	520
270	10	20	50	90	140	200	280	360	460
300	10	20	50	80	130	180	250	330	410

4.4.3 GEFÄLLESTRECKEN

Große Steigungen sind gleichzusetzen mit starken Gefällen, die ebenfalls nicht wünschenswert sind, und das nicht nur, weil die Anforderungen an das Bremssystem steigen. Aus Sicherheitsgründen sollte man unter der möglichen Fahrgeschwindigkeit bleiben, denn bei schlechter Bodenhaftung (z. B. Kies auf der Fahrbahn) wird das Bremsvermögen eingeschränkt.

Die von der Bauart des Bremssystems und der Länge der Gefällestrecke abhängigen Geschwindigkeiten bei Talfahrt sind sogenannten Bremskraftdiagrammen zu entnehmen.

Das Diagramm zeigt an, mit welchem Gang und mit welcher Geschwindigkeit bei 450 m Gefällelänge gefahren werden kann. Die Werte beziehen sich ausschließlich auf das ausgewählte Gerät und sind auf keinen Fall auf andere Geräte übertragbar! Sie geben auch nur die Geschwindigkeit wieder, die die Bauart der Bremse ermöglicht.

BREMSKRAFT-DIAGRAMM CAT 775F

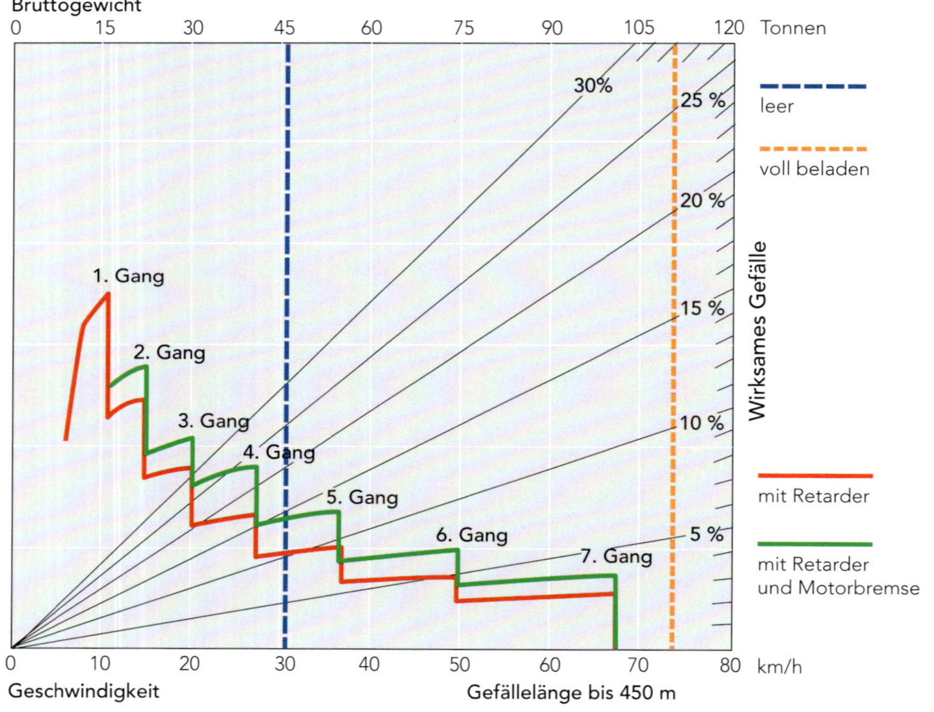

Zum Feststellen der Bremsleistung ist vom Bruttogewicht ausgehend senkrecht der Schnittpunkt mit der Linie des wirksamen Gefälles (tatsächliches Gefälle minus Rollwiderstand) zu ermitteln. Von diesem Punkt aus wird in der Waagerechten der Schnittpunkt mit der Kurve für den höchstmöglichen Gangbereich festgestellt. Die Senkrechte nach unten gibt den Schnittpunkt mit der Geschwindigkeitsachse an und damit die Geschwindigkeit, die von den Bremsen bewältigt werden kann, ohne das Kühlsystem zu überfordern.

Bei jeder Geschwindigkeitsbestimmung muss zusätzlich geprüft werden, ob der Bodenschluss ausreicht, um das Fahrzeug abzubremsen (siehe Tabelle Bodenschlusskoeffizienten auf Seite 102).

Bei SKW mit Automatikgetriebe muss beim Bremsen die Motordrehzahl so hoch wie möglich gehalten werden, ohne dass der Motor überdreht. Wenn das Kühlöl zu warm werden sollte, ist die Fahrgeschwindigkeit zu verringern, damit das Getriebe in den nächstniedrigeren Gang schalten kann.

Daher bietet die Firma Caterpillar für ihre SKW einen sogenannten *automatic retarder (ARC)* für die Bergabförderung an. Bei vorgewähltem Gang und aktiviertem System wird die Motordrehzahl konstant gehalten und die notwendige Kühlung gewährleistet.

Neben dem nicht zu verachtenden Sicherheitsaspekt führt diese Technik zu geringerem Fahrbahnverschleiß, also zur Vermeidung von Waschbrettpisten.

ANNAHME

Ein SKW mit 41,5 lm^3 Muldeninhalt wird von einem Radlader mit 6,9 m^3 Schaufel beladen.

1. Wie groß ist der Muldeninhalt in fm^3 bei einem Schaufelfüllungsgrad von 95 % und einer Auflockerung von 25 %?
2. Welche Nutzlast wird erreicht bei 90 % Füllungsgrad und einem Schüttgewicht von 1,7 t/lm^3?

BERECHNUNG

1. V = 6 (Spiele) · 6,9 m^3 (Inhalt) · 0,95 (Füllungsgrad) = 39,3 lm^3 ≙ bei 25 % Auflockerung **31,5 fm^3**
2. l = 6 (Spiele) · 6,9 m^3 (Inhalt) · 0,9 (Füllungsgrad) · 1,7 t/lm^3 (Schüttgewicht) = **63,3 t**

4.4.4 SKW-LEISTUNGSBERECHNUNG

Die Transportleistung für das Einzelfahrzeug ergibt sich aus den beiden Faktoren Muldeninhalt und Anzahl der SKW-Umläufe pro Stunde.

$$Q = V(l) \cdot AT/h$$

Q = Leistung fm^3/h (t/h)
V = Muldeninhalt (fm^3)
l = Nutzlast (t)
AT/h = Anzahl Arbeitstakte (Umläufe) pro h

Soll die Leistungsangabe in t/h erfolgen, dann wird der Muldeninhalt ersetzt durch die Nutzlast.

Bestimmung des Muldeninhalts und der Nutzlast

Der Muldeninhalt ergibt sich aus der Anzahl der Ladespiele, multipliziert mit dem Schaufel- bzw. Löffelinhalt und dem Füllungsgrad und dividiert durch den Faktor der Auflockerung. Bei der Nutzlastbestimmung erfolgt ein ähnlicher Rechengang, hier wird jedoch nicht durch den Auflockerungsfaktor dividiert, sondern mit dem Schüttgewicht multipliziert.

Bestimmung der Umläufe pro Stunde (AT/h)

Wie viele Fahrten oder Umläufe sind pro Zeiteinheit möglich?

Um die Frage zu beantworten, muss zunächst die Zeit, die für einen Umlauf benötigt wird, also die Arbeitstaktzeit (ATZ), bestimmt werden.

Die ATZ ist die Summe der Einzelzeiten, die bei einem SKW-Umlauf auftreten. Sie gliedert sich in die Einzelzeiten

MZ_L = Manövrierzeit im Ladebereich, Wagenwechselzeit
LZ = SKW-Beladezeit
TZ = Transportzeit
MZ_E = Manövrierzeit im Entladebereich
EZ = SKW-Entladezeit
RZ = Rückfahrzeit
WZ = Wartezeit.

Für Leistungsberechnungen empfiehlt es sich, als Basis die 60-min-Stunde zu wählen und alle Teilzeiten in hundertstel Minuten anzugeben, also anstelle von 15 s 0,25 min. Das Rechnen im Dezimalsystem fällt leichter.

1. Manövrierzeit/Wagenwechselzeit (MZ_L)
Als Zeitzuschläge für den Fahrzeugwechsel im Ladebereich können folgende Werte angenommen werden:

WAGENWECHSELZEITEN	
gut	0,15 min
mittel	0,30 min
schlecht	0,50 min und mehr

Die Wagenwechselzeit hängt auch von dem gewählten Ladegerät ab. Bei Hydraulikbaggern mit ihrer kurzen Ladespielzeit fällt die Wagenwechselzeit etwas höher aus als beim Radlader, bei dem sie (theoretisch) null sein kann. Der Wagenwechsel könnte hier während des Schaufelfüllens vorgenommen werden. Im Dauerbetrieb ist es ratsam, den mittleren Wert von 0,30 min anzusteuern.

2. SKW-Beladezeit (LZ)
Die Beladezeit errechnet sich aus der Ladespielzeit und der Anzahl der Ladespiele pro SKW. Die Ladespielzeit wurde im Kapitel „Laden" behandelt.

Die Anzahl der Ladespiele, die ja auch für die Bestimmung des tatsächlichen SKW-Volumens bzw. der SKW-Nutzlast benötigt wird, ergibt sich aus dem Verhältnis von Muldenvolumen zu Ladegefäßvolumen. Es sollte immer ein ganzes Vielfaches sein, d. h. 3 oder 4 Ladespiele pro SKW anstelle von z. B. 3,7 oder 4,5.

Ein halbes Ladespiel benötigt die gleiche Zeit wie ein volles, folglich sollte bei der Geräteauswahl eine volumetrische Abstimmung zwischen Lade- und Transportgerät erfolgen.

Bei der Bestimmung der SKW-Beladezeit ist es bei Radladerbeladung zulässig, beim 1. Ladespiel nur die Zeit für das Abkippen der Schaufel zu berücksichtigen (ca. 0,1 min).

Die SKW-Beladezeit ist nicht zu verwechseln mit der Ladezeit des Radladers, die bei diesem Beispiel bei 3,6 min liegt.

ANNAHME
SKW-Beladung durch Radlader
6 Ladespiele pro SKW
Zeit pro Ladespiel: 0,6 min

BERECHNUNG
1 Ladespiel à 0,1 min = 0,1 min
5 Ladespiele à 0,6 min = 3,0 min
SKW-Beladezeit = 3,1 min

3. Transportzeit (TZ)

Die Transportzeit ergibt sich aus der Transportweglänge und der Fahrgeschwindigkeit. Diese hängt von den Fahrwiderständen ab, wie zuvor beschrieben.

Im praktischen Einsatz zeigt sich häufig, dass bei der Geschwindigkeitsfestlegung zu hohe Werte angenommen werden. Eine Geschwindigkeit von 30 km/h im Dauerbetrieb will auch bei guten Fahrbahnen erst einmal erreicht werden. Beschleunigen, Abbremsen, Ausweichen und vieles mehr beeinflusst die Geschwindigkeit.

4. Manövrierzeit im Entladebereich (MZ_E)

Hier spielen die Einsatzart und die Arbeitstechnik eine entscheidende Rolle. Kann die Kippstelle überfahren werden, muss zurückgestoßen werden, soll in einen Aufgabetrichter entleert werden? Im Erdbau sind Werte von 0,5 bis 0,8 min üblich. Im stationären Gewinnungsbetrieb kann für das Manövrieren und Rückstoßen zum Vorbrecher eine Zeit von etwa 0,4 min in Ansatz gebracht werden.

5. SKW-Entladezeit (EZ)

Moderne SKW verfügen über leistungsfähige Hydraulikanlagen, die ein schnelles Entleeren der Mulde gewährleisten. Muss nicht gezielt und/oder dosiert abgesetzt werden, dann kommen Entladezeiten von ca. 0,4 min in Betracht. Bei der Brecherbeschickung wird man um 0,6 min liegen. Typische Werte als Verweilzeit auf der Kippe bzw. am Vorbrecher sind 1,0 bis 1,2 min.

6. Rückfahrzeit (RZ)

Hier gilt Ähnliches wie für die Transportzeit. Die möglichen Geschwindigkeiten werden ebenfalls dem Geschwindigkeitsdiagramm entnommen. Leere Transportgeräte neigen bei unebener Fahrbahn und zu hoher Geschwindigkeit leicht zum Hüpfen, was zum Aufschaukeln des Geräts führen kann und die Lenk- und Bremseigenschaften negativ beeinflusst.

7. Wartezeit (WZ)

Wartezeiten entstehen in der Regel an der Lade- und Entladestelle, bei engen Fahrbahnen auch an Auswegbuchten. Da Wartezeiten betriebs- und einsatzabhängig sind, lassen sie sich nicht quantifizieren. Sind mehrere Geräte im Einsatz, dann treten Wartezeiten verstärkt nach jeder Betriebsunterbrechung auf, da es eine gewisse Zeit braucht, bis alle Fahrzeuge wieder im Zyklus laufen.

ANNAHME

Geräte:
41,5-m³-SKW, 6,9-m³-Radlader

Material: gerissener Kalkstein

Auflockerung: 50 %

Schüttgewicht: 1,6 t/lm³

Füllungsgrad: 90 %

Zeit pro Ladespiel: 0,6 min

Entfernung: 800 m

Transportweg: eben

Rollwiderstand: 5 %

Fahrgeschwindigkeit:
22 km/h

Rückfahrgeschwindigkeit:
28 km/h

Wirkungsgrad: 83 % (50 min/h)

BERECHNUNG

1. Muldeninhalt in fm³

V = 6 (Spiele) · 6,9 m³ · 0,9
= 37,3 lm³
≙ bei 50 % Auflockerung
24,8 fm³

2. Nutzlast in t

l = 6 (Spiele) · 6,9 m³ · 0,9 · 1,6 t/lm³ = **59,6 t**

3. Leistungsberechnung

SKW-Beladezeit	3,1 min	3,1 min
Wagenwechselzeit	0,3 min	0,3 min
Transportzeit	2,2 min	2,2 min
Manövrieren und Entladen	1,2 min	1,2 min
Rückfahrt	1,7 min	1,7 min
Zeit pro Umlauf	8,5 min	8,5 min
Umläufe/h	7,1 AT/h	7,1 AT/h
Leistung/h	176 fm³/h	423 t/h
bei 50 min/h	146 fm³/h	351 t/h

Beispiel für eine SKW-Leistungsberechnung
Wo liegt die Transportleistung in fm³/h bzw. in t/h?

Die Be- und Entladezeiten sowie die Manövrierzeiten können als Fixzeiten angesehen werden, da sie mehr oder minder konstant sind. Es empfiehlt sich, diese Zeiten bei größeren Massenbewegungen mit unterschiedlichen Transportweiten zu einem Wert zusammenzufassen. Diesem werden dann die variablen Fahrzeiten hinzuaddiert.

Bestimmung der Anzahl SKW pro Ladegerät
Aus der Division von SKW-Umlaufzeit und Ladezeit pro SKW erhält man die mögliche Anzahl SKW, die einem Ladegerät zugeordnet werden kann. Auf obiges Beispiel angewandt, ergibt sich:

Anzahl SKW/Ladegerät =

$$\frac{\textbf{SKW-Umlaufzeit}}{\textbf{Ladezeit}} = \frac{\textbf{8,5 min}}{\textbf{3,4 min}} = \textbf{2}$$

Teamgestaltung
Bei einer vorgegebenen Schütt- oder Förderleistung erhält man die benötigte Anzahl SKW, indem man die Sollleistung durch die Geräte-Einzelleistung teilt. Je nach Einsatzart und -dauer (Ein- oder Mehrschichtbetrieb) sollte ein prozentualer Zuschlag erfolgen, der bei 10 bis 20 % liegt.

4.5 KNICKGELENKTE DUMPER

Lassen sich auf Dauer hohe Fahrwiderstände nicht vermeiden, z. B. beim Transport im trockenen Sand oder auf wenig tragfähigen Böden, dann wird man überlegen, den LKW/SKW durch einen knickgelenkten Dumper zu ersetzen. Seine spezielle Konzeption, bestehend u. a. aus Niederdruck-Breitgürtelreifen, Allradantrieb und Knicklenkung, wird diesen Anforderungen gerecht.

Knickgelenkte Dumper werden als Zweiachs- und als Dreiachsgerät angeboten. Die meisten Geräte sind allradgetrieben, bei einigen 3-Achs-Dumpern fungiert die 3. Achse lediglich als Nachläufer und kann wahlweise zugeschaltet werden. Es sollen einige wenige Faktoren angesprochen sein, die für den Dumpereinsatz sprechen.

4.5.1 SPEZIFISCHER BODENDRUCK

Niederdruck-Breitgürtelreifen verursachen erheblich niedrigere spezifische Bodendrücke, die Rollwiderstände fallen entsprechend geringer aus.

Für den spezifischen Bodendruck bei Radgeräten gelten folgende Faustformeln (Radialreifen):

Reifendruck bis 2,25 bar:
spezifischer Bodendruck = Reifendruck

Reifendruck über 2,25 bar:
spezifischer Bodendruck = (Reifendruck · 0,7) + 0,8

Die nachfolgende Tabelle zeigt die spezifischen Bodendrücke für SKW und Dumper.

SPEZIFISCHE BODENDRÜCKE

	vorne		Mitte		hinten	
	Rd	**Bd**	**Rd**	**Bd**	**Rd**	**Bd**
SKW	7,0	5,7			7,1	5,7
2-Achs-Dumper	3,2	3,0			4,1	3,7
3-Achs-Dumper	3,2	3,0	3,3	3,1	3,1	3,0

TRAGFÄHIGKEIT VERSCHIEDENER MATERIALEN

Material	Tragfähigkeit (bar)
Fels, kompakt	24,1
Kies, fest anstehend	7,6
Fels, zerkleinert	4,8
Ton, trocken	3,8
Sand, kompakt trocken	3,8
Ton, halbtrocken	1,9
Sand, lose trocken	1,9
Ton, weich	1,0
Treibsand, Schwemmland	0,5

Rd = Reifendruck,
Bd = Bodendruck

Der spezifische Bodendruck liegt beim SKW gegenüber dem 2-Achs-Dumper um über 50 % höher, gegenüber dem 3-Achs-Dumper sogar um über 80 %.

Betrachtet man die Tragfähigkeitswerte der unterschiedlichen Materialien, dann wird augenscheinlich, wo Dumper eingesetzt werden sollten.

In allen losen oder bindigen Böden wird der Dumper dank seiner größeren Aufstandsfläche und seines geringeren spezifischen Bodendrucks überlegen sein. Schlechte Tragfähigkeiten werden häufig im Entnahmebereich angetroffen, der meist ständig wechselt und nicht wie eine Fahrbahn unterhalten werden kann. Auch auf der unverdichteten Kippstelle sollte der Dumper besser einsetzbar sein.

4.5.2 ANTRIEBSART

Die Frage der Antriebsart spielt bei der Geräteauswahl eine wichtige Rolle. SKW sind, wie gesagt, für Hochgeschwindigkeitsfahrten ausgelegt.

Deshalb bieten fast alle Hersteller den Einachsantrieb als Hinterachsantrieb an. Bei einer Vielzahl von Einsätzen können aber andere Gesichtspunkte als die Geschwindigkeit wichtiger sein, z. B. die nutzbare Zugkraft und das Steigvermögen.

Bestimmung der nutzbaren Zugkraft

Die nutzbare Zugkraft errechnet sich aus dem Gewicht, das auf die Antriebsachse wirkt, multipliziert mit dem Bodenschlussfaktor. Hinterachsgetriebene SKW sind so konzipiert, dass im beladenen Zustand etwa zwei Drittel des Fahrzeuggesamtgewichts auf der Antriebsachse liegen, um eine möglichst hohe nutzbare Zugkraft zu erhalten. Dennoch liegt diese deutlich unter der des allradgetriebenen Fahrzeugs, bei dem das Gesamtgewicht in die Rechnung eingebracht werden kann.

Im Beispiel rechts liegt die nutzbare Zugkraft des Dumpers um 43 % über der des SKW. Also auch in Bezug auf die nutzbare Zugkraft weisen Dumper bei losen oder bindigen Untergrundverhältnissen deutliche Vorteile auf.

ANNAHME

Geräte:
SKW Cat 771D und
3-Achs-Dumper Cat 740

Einsatz: im losen Sand

Bodenschlusskoeffizient: 0,2

VERGLEICH

	SKW	Dumper
Leergewicht	32,2 t	32,3 t
Nutzlast	35,9 t	36,3 t
Gesamtgewicht	68,1 t	68,6 t
Verteilung Beladen		
vorn	33 %	29 %
Mitte	–	36 %
hinten	67 %	35 %
wirksames Gewicht	45,6 t	68,6 t
nutzbare Zugkraft	9,1 t	13,8 t

4.5.3 KNICKLENKUNG

Die hydraulische Knicklenkung ermöglicht einen beidseitigen 45°-Lenkeinschlag, was für eine ausgezeichnete Manövrierfähigkeit sorgt. Ein torsionsfreies Pendeln von Vorder- und Hinterrahmen ist besonders wichtig bei ganz schlechter Tragfähigkeit, dort wo sich SKW, aber auch allradgetriebene LKW festfahren.

Gute Manövrierfähigkeit wird aber auch bei begrenztem Raum gefordert (Siloabzug, Bunkerbeschickung und dergleichen).

4.5.4 WANN 2-ACHS-, WANN 3-ACHS-DUMPER?

Die Endgeschwindigkeiten von Dumpern liegen deutlich unter denen von SKW. Folglich sollten Dumper nur für kurze und mittlere Transportweiten vorgesehen werden. Der 2-Achs-Dumper kommt eher für den kurzen Bereich bis ca. 1.000 m in Betracht, das 3-Achs-Gerät bis etwa 3.000 m, da es, vor allem bei Leerfahrt, etwas ruhiger liegt.

Bei wenig tragfähigen Böden wird der 3-Achs-Dumper wegen seines geringeren spezifischen Bodendrucks bevorzugt. Allerdings verursacht er höhere Reparaturkosten. Auch die Reifenkosten fallen meist höher aus, schon weil die dritte Achse bei Kurvenfahrt stärker belastet wird und die Reifen zum Radieren neigen.

4.5.5 LEISTUNGSBERECHNUNG

Die Leistungsberechnung erfolgt analog zur SKW-Leistungsberechnung. Die Fixzeiten können übernommen werden, die variablen Fahrzeiten sind anhand der Beschleunigungs- und Bremskraftdiagramme, die den jeweiligen Typenblättern zu entnehmen sind, zu bestimmen. Die maximalen Fahrgeschwindigkeiten können natürlich nicht mit denen von SKW konkurrieren, die Fahrzeiten liegen entsprechend höher.

4.6 SCRAPER

Motorschürfwagen oder Scraper lassen sich wie Kettendozer keiner der fünf Phasen des Erdbaus direkt zuordnen. Auch mit Scrapern wird der Boden gelöst und geladen, transportiert und ziemlich exakt eingebaut. Bei spurversetztem Fahren im Kippbereich kann eine Vorverdichtung durchgeführt werden, die vereinzelt sogar als Verdichtung ausreicht.

Dieser die ganze Breite des Erdbaus berührende Einsatz setzt sehr spezielle Kenntnisse voraus. Hinzu kommt, dass der Scrapereinsatz sehr kapitalintensiv ist und ständige Kontrollen der Wirtschaftlichkeit verlangt. Insbesondere die Faktoren Entfernung, Material, Untergrund, Steigung und Teamgestaltung berühren die Wirtschaftlichkeit des Scrapereinsatzes. Klima, Losgröße und Anschlussaufträge sind weitere zu berücksichtigende Aspekte. Deshalb hat der Scraper in Deutschland nicht die Bedeutung wie in anderen Ländern.

Man unterscheidet folgende Scraperarten, aus denen die gleichnamigen Erdbewegungssysteme und -verfahren entwickelt worden sind:

- Schub-Scraper
- Push-Pull-Scraper
- Elevator-Scraper
- Auger-Scraper.

SCHUB-SCRAPER

PUSH-PULL-SCRAPER

ELEVATOR-SCRAPER

AUGER-SCRAPER

4.6.1 SCHUB-SCRAPER-VERFAHREN

Bei diesem Scraperverfahren arbeiten grundsätzlich mehrere ein- oder doppelmotorige Scraper im Team zusammen.

Die Scraper benötigen für die Beladung, die durch Absenken des Schürfkübels in den Untergrund erfolgt, Schubgeräte. Zum Pushen verwendet man Kettendozer (Pushraupen) oder auch schwere Raddozer.

Die Größe des auszuwählenden Schubgeräts wird bestimmt durch die Scrapergröße und die Ladefähigkeit des Materials. Größere Scraper verlangen leistungsstärkere Schubraupen, das Gleiche gilt für eine schlechte Ladefähigkeit des Materials. Nachfolgend eine ungefähre Zuordnung:

Material	Ladefähigkeit gut	Ladefähigkeit schlecht
Scraperinhalt	**Schubraupe**	
15 m³	220 kW (40 t)	300 kW (50 t)
25 m³	300 kW (50 t)	370 kW (60 t)
35 m³	520 kW (80 t)	600 kW (100 t)

Die Scraperbeladung gestaltet sich dann schwierig, wenn der Schürfwiderstand sehr groß ist, z. B. bei losen, wenig kornabgestuften Böden (loser Sand). Dieses Material muss in einem verhältnismäßig dicken Span abgetragen werden, um ein Abrollen im Scraperkübel zu ermöglichen. Auch sehr fest anstehende Bodenarten oder Schüttgüter, die stark verzahnt sind, weisen hohe Schürfwiderstände auf und erfordern größere Pusher. Das Gleiche gilt für wenig tragfähige Entnahmestellen, die einen hohen Rollwiderstand verursachen. Die leistungsstärkere Schubraupe verursacht höhere Investitions- und Betriebskosten, die bei schwierigen Ladebedingungen durch die kürzeren Scraperfüllzeiten und besseren Scraperfüllungsgrade jedoch mehr als ausgeglichen werden.

Bei guten Bodenschlussverhältnissen (steifplastische Böden) können schwere Raddozer die Kettendozer als Schubgerät ersetzen. Ihr Vorteil liegt in der höheren Fahrgeschwindigkeit, besonders bei der Rückfahrt.

Arbeitstaktzeit des Schubgeräts

Die Arbeitstaktzeit des Schubgeräts setzt sich aus folgenden Einzelzeiten zusammen:

- Pushzeit oder Scraperfüllzeit
- Zeit für die Beschleunigung des Scrapers nach dem Füllen
- Rückfahrzeit des Schubgeräts
- Manövrierzeit
- Andockzeit am nächsten Scraper.

Wie hoch ist die Arbeitstaktzeit einer 294-kW-Schubraupe, die einen 25-m³-Scraper belädt?

BERECHNUNG

Scraperfüllzeit	0,70 min
Beschleunigen	0,20 min
Zurücksetzen	0,40 min
Manövrieren und Anlegen	0,20 min
Arbeitstaktzeit Pusher	**1,50 min**

Diese Pusher-ATZ von 1,5 min kann als Durchschnittswert für Planungsrechnungen genommen werden.

Die Pusher-Arbeitstaktzeit kann variieren, hauptsächlich wegen der Ladezeit, die von verschiedenen Faktoren beeinflusst wird:

Pushergröße
Schubdozer mit weniger als 220 kW sind selten in der Lage, einen Scraper zu füllen.

Scraperart
Mit Doppelmotor-Scrapern erreicht man kürzere Ladezeiten, da eine Eigenunterstützung erfolgt.

Anlage der Schürfstrecke
Kann mit Gefälle geladen werden? Der Gefälleschub verkürzt den Füllvorgang.

Materialart
Bindige Böden sind gut, rollige Böden weniger gut schürfbar.

Bestimmung der Scraperleistung
Die Scraperleistung wird wie bei den anderen Transportgeräten aus Inhalt und Anzahl der Umläufe pro h berechnet.

$$Q = V\ (l) \cdot AT/h$$

Q = Leistung fm^3/h (t/h)
V = Scraperinhalt (fm^3)
l = Nutzlast (t)
AT/h = Anzahl Arbeitstakte (Umläufe) pro h.

Bestimmung des Scraperinhalts
Der in die Leistungsberechnung eingehende Scraperinhalt (V) in fm^3 ergibt sich aus Schürfkübelvolumen, Füllungsgrad und Auflockerung.

$$Q = \frac{Vl \cdot FG}{A}$$

Vl = Inhalt lose (lm^3)
FG = Füllungsgrad
A = Auflockerungsfaktor.

Der Schürfkübelinhalt ist den jeweiligen Gerätespezifikationen zu entnehmen. Es ist der nach SAE gehäufte Inhalt.

Beim Schub-Scraper-System wird man selten einen Füllungsgrad von 100 % anstreben, selbst bei gut schürfbaren Materialien nicht, da der Ladezuwachs im Schürfkübel nicht proportional zur Ladezeit ist.

Für die letzten 10 % Kübelfüllung benötigt man meist mehr, zumindest die gleiche Zeit wie für die übrigen 90 %. Bei nichtbindigen Böden sollte man sich deshalb mit einem Füllungsgrad von 85 – 90 %, bei bindigen Böden mit 90 – 95 % zufriedengeben.

Bestimmung der Arbeitstakte pro Stunde (AT/h)
Die Anzahl der Arbeitstakte (Umläufe) ergibt sich wieder aus der Zeit pro Arbeitstakt (ATZ) und der pro Stunde zur Verfügung stehenden Zeit.

Die Arbeitstaktzeit setzt sich zusammen aus Fahr- und Fixzeiten, sie lässt sich untergliedern in

LZ = Scraper-Beladezeit
TZ = Transportzeit
EZ = Entladezeit
RZ = Rückfahrzeit.

1. Fahrzeiten
Die Berechnung der Transport- und Rückfahrzeiten erfolgt analog zu der von SKW, d. h. die Festlegung der Geschwindigkeiten erfolgt mithilfe der Felgenzugkraftdiagramme.

Hohe Fahrwiderstände machen sich besonders bei einmotorigen Scrapern bemerkbar. Bei Steigungen ab 5 % kann diese Scraperart leicht unwirtschaftlich werden. Doppelmotor-Scraper können beladen immerhin bis 35 % Steigung eingesetzt werden.

Ab 5 % Steigung: Doppelmotor-Scraper

Wichtig erscheint der Hinweis, für Einsätze mit Talfahrt die entsprechenden Bremskraftdiagramme zu berücksichtigen. Ab etwa 12 % Gefälle muss die Geschwindigkeit bei einachsgetriebenen Scrapern selbst bei Leerfahrt so stark reduziert werden, dass der Einsatz unwirtschaftlich werden kann.

Die Maximalgeschwindigkeiten von Scrapern liegen bei etwa 50 km/h und damit deutlich unter denen von SKW. Folglich wird man Scraper eher bei kürzeren Transportweiten bis etwa 2.000 m einsetzen.

2. Fixzeiten
a) Ladezeit
Der Ladevorgang wird in sehr kurzer Zeit durchgeführt. Füllzeiten von 0,4 min bei gut schürfbarem Material, Doppelmotor-Scrapern und großen Pushraupen sind durchaus erreichbar. Im Dauerbetrieb wird man mit folgenden Werten rechnen können:

Doppelmotor-Scraper: LZ = 0,6 min
Einmotoriger Scraper: LZ = 0,7 min

Wegen dieser günstigen Ladezeiten sind Scraper im kurzen und mittleren Entfernungsbereich besonders wirtschaftlich. Gleich groß dimensionierte SKW benötigen die drei- bis vierfache Beladezeit, weil für das Beladen mehrere Ladespiele nötig sind. Dadurch wird der Anteil der Fixzeit an der gesamten Umlaufzeit überproportional groß. Außerdem entfällt beim Scraper die Fahrzeugwechselzeit.

Eine gute Ladetechnik sorgt zusätzlich für kurze Scraperfüllzeiten. Bei der Einfahrt in die Schürfbahn sollte der Kübel abgesenkt und ins Material getaucht werden. Hierdurch wird die Ladezeit reduziert, da schon einige Kubikmeter in den Kübel geladen werden, bevor der Pusher andockt.

Scraper sind in der Lage, beträchtliche Lösearbeiten zu verrichten, sofern genügend Bodenschluss vorhanden ist. Das Absenken des Kübels und das Eindrücken des Schneidmessers in das Material erfolgt hydraulisch, wobei erhebliche Eindringkräfte erzeugt werden. Man spricht hier von einem Zwangsschürfen, durch das die Schnittstärke bestimmt und variiert werden kann (frühere Scraper waren seilzuggesteuert, die Eindringkraft war niedrig, da sie vom wirksamen Kübelgewicht abhing). Am Ende der Schürfstrecke sollten die Pushraupen den Scraper beschleunigen, auch hierdurch wird die Verweilzeit in der Entnahme reduziert.

b) Manövrieren und Entladen

Motorschürfzüge sind in der Lage, das Material ziemlich genau abzusetzen. Der Entladevorgang erfolgt während der Fahrt (bei reduzierter Fahrgeschwindigkeit), der Schürfkübel wird auf die gewünschte Abkipphöhe eingestellt und der Ausstoßer nach vorne bewegt. Die Einbaustärke ist durch das Zusammenspiel von variierbarer Schürfkübelhöhe und Ausstoßgeschwindigkeit sehr gut beeinflussbar. Dadurch ist der Einbauaufwand zumindest bei rolligen und losen Erdbaustoffen minimal. Lehmig-toniges Material kann Materialklumpen enthalten, die zusätzliche Einbauarbeit erforderlich machen.

Scraper erzeugen mit ihren Reifen eine beträchtliche Vorverdichtung, man sollte daher immer spurversetzt abkippen. Für das Verweilen auf der Kippe kann eine Fixzeit von 0,7 min in Ansatz gebracht werden.

Manövrieren und Entladen: 0,7 min

Beispiel zur Berechnung der Scraperleistung

Wo liegt die Leistung eines Schub-Scrapers in fm³/h?

Das Beispiel rechts zeigt: Der Einzel-Scraper ist in der Lage, unter vorgenannten Bedingungen ca. 150 m³ feste Masse pro Stunde zu bewegen.

ANNAHME

Gerät: Scraper Cat 631G
Pusher Cat D10R

Material: Mischboden

Auflockerung: 20 %

Entfernung: 900 m einfach

Rollwiderstand: 50 kg/t (5 %)

Steigung: ebener Transport

Wirkungsgrad: 83 % (50 min/h)

Fahrgeschwindigkeit im Dauerbetrieb:
beladen 22 km/h, leer 28 km/h

BERECHNUNG

1. **Bestimmung der Nutzladung**
   Schub-Scraper ist einmotorig, als Füllungsgrad werden 90 % angenommen.

   Inhalt CAT 631G:
   $VI = 23{,}7\ m^3$ lose Masse
   Inhalt fest:

   $$V = \frac{23{,}7\ lm^3 \cdot 0{,}9}{1{,}2} = \mathbf{17{,}8\ fm^3}$$

2. **Berechnung der Transportleistung**

Ladezeit	0,7 min
Transportzeit	2,5 min
Manövrieren und Entladen	0,7 min
Rückfahrzeit	1,9 min
Arbeitstaktzeit	5,8 min
Arbeitstakte/ 50 min/h	8,6 AT/h
Leistung	**153 fm³/h**

Berechnung der Teamleistung
Schub-Scraper arbeiten, wie gesagt, nicht als Einzelgerät sondern im Team, d. h. mehrere Scraper werden einem Schubdozer zugeordnet. Die Anzahl der Scraper erhält man nach

$$\textbf{Anzahl Scraper pro Pusher} = \frac{\textbf{Scraper – ATZ}}{\textbf{Pusher – ATZ}}$$

Legt man eine Pusher-ATZ von 1,5 min als Fixzeit zugrunde, dann kann mit folgender grober Zuordnung gearbeitet werden, ebener Transport und ein Rollwiderstand von 50 – 60 kg/t vorausgesetzt.

ANZAHL SCRAPER PRO PUSHER

Entfernung	Scraper ATZ	Anzahl Scraper
300 m	3,0 min	2
600 m	4,5 min	3
900 m	6,0 min	4
1.200 m	7,5 min	5
1.500 m	9,0 min	6

Pro 300 m Fahrweg kann man dem Schubdozer einen Scraper mehr zuordnen.

Die Anzahl der Scraper lässt sich kaum der sich ändernden Entfernung, besser gesagt der sich ändernden Fahrzeit, permanent anpassen. Das heißt, eine optimale Abstimmung von Pusher und Scraper wird nur selten gegeben sein. Mal wird der Scraper auf den Pusher warten müssen, mal wird es umgekehrt sein. Bei unterschiedlichen Entfernungen innerhalb eines Erdbewegungsprojekts wird man Mittelwerte für Transportentfernung und Nutzlast ermitteln und darauf das Scraperteam ausrichten.

Wann sind Schub-Scraper einsetzbar?
1. Material
Geeignet sind mit gewisser Einschränkung alle Böden. Im Fels muss das Durchdrehen der Reifen auf jeden Fall vermieden werden. Grobstückiger, scharfkantiger oder verzahnter Fels ist wegen des Reifenverschleißes problematisch, der Einsatz kann schnell unwirtschaftlich werden. Bei nicht genügender Erfahrung in der Beurteilung und der praktischen Durchführung sollte dann auf den Scraper verzichtet werden.

Bei rolligen Böden tritt starker Schürfwiderstand auf. Hier sollten Doppelmotor-Scraper eingesetzt werden. Bei diesem Material wird die Pumpladetechnik empfohlen. Der Scraperkübel wird so weit ins Material eingelassen, dass sich Pusher und Scraper ständig vorwärts bewegen. In dem Augenblick, in dem die Ketten des Schubdozers oder die Scraperreifen beginnen durchzudrehen, wird der Schürfkübel angehoben, um den Schürfwiderstand wegzunehmen. Dann wird der Kübel erneut eingetaucht. Dieser Vorgang des Eintauchens und Anhebens wird permanent wiederholt. Zwar sind die Schürfbahnen bei dieser Technik sehr uneben, aber die Scraperfüllzeiten und Füllungsgrade werden annehmbar.

2. Entfernung
Scraper liegen in der Endgeschwindigkeit unter der von SKW. Der durch die kürzere Ladezeit bedingte Vorteil wird mit zunehmender Transport-

weite wieder aufgezehrt. Ab etwa 1.000 m liegen die beiden Verfahren gleich, ab ca. 2.000 m macht sich die höhere Fahrgeschwindigkeit des SKW zu dessen Gunsten bemerkbar.

3. Massenbewegung

Schub-Scraper können nur im Team wirtschaftlich arbeiten. Das setzt eine bestimmte Massenbewegung voraus, die bei ca. 300.000 m³ beginnt. Kleinere Baulose würden durch das häufige Umsetzen der Großgeräte schnell die Wirtschaftlichkeit gefährden.

4.6.2 PUSH-PULL-VERFAHREN

Bei diesem Verfahren wird auf die Schubdozer verzichtet, die Beladung erfolgt durch gegenseitige Schub (Push)- oder Zug (Pull)-Hilfe.

Die Scraper werden mit einer entsprechenden Vorrichtung ausgerüstet, bestehend aus einem heckmontierten Haken und einem frontmontierten, gefederten Pushblock und Bügel.

Für dieses Scraperverfahren eignen sich nur Doppelmotor-Scraper. Da der gesamte Kraftfluss über die Reifen geht, wird ein hoher Bodenschluss benötigt, ohne den keine große nutzbare Zug- oder Schubkraft möglich ist.

PUSH-PULL-SCRAPER UND PUSH-PULL-VORRICHTUNG

Besonders geeignet sind daher alle steifplastischen, tonig-lehmigen Böden. Sandig-kiesige Böden mit einem gewissen bindigen Anteil sind durchaus akzeptabel, wohingegen lose Sande und Kiese wegen des hohen Schürfwiderstandes problematisch werden können. Ausschließen sollte man das Push-Pull-Verfahren von vornherein im Fels, da hier die Reifen zu schnell verschleißen.

Der große Vorteil dieses Verfahrens liegt darin, dass man ohne Schubraupen auskommt. Hierdurch wird die Flexibilität erhöht, nur jeweils zwei Geräte sind im Einsatz, auch kleinere Projekte lassen sich bearbeiten. Der Doppelmotor ermöglicht zudem einen besseren Einsatz bei hohem Fahrwiderstand.

Die Push-Pull-Scraper arbeiten nur während des Ladevorgangs zusammen. Nach der Beladung entkoppeln sie und fahren getrennt zur Kippe. Die Ladezeit verdoppelt sich gegenüber Schub-Scrapern, man kann mit einem Fixwert von 1,5 min für das Scraperpaar rechnen.

Push-Pull-Ladezeit = 1,5 min

Die übrigen Teilzeiten des Arbeitstaktes entsprechen denen des Schub-Scrapers.

Wegen der verlängerten Ladezeit reduziert sich die wirtschaftliche Transportentfernung auf ca. 1.200 m, sie ist also etwas kürzer als bei Schub-Scrapern.

Push-Pull verlangt besonders ausgebildete, aufeinander eingespielte Fahrer.

4.6.3 ELEVATOR-SCRAPER

Der Elevator-Scraper wird als Einzelgerät ohne Schubunterstützung eingesetzt. Dadurch erreicht diese Scraperart eine hohe Einsatzflexibilität und ist schon bei kleineren Erdbewegungen einsetzbar.

ELEVATOR-SCRAPER

Die Elevatoreinrichtung nimmt das Material direkt vom Schneidmesser und transportiert es in den Kübel, wodurch der Schürfwiderstand erheblich reduziert wird. Folglich ist dieser Scraper bei losem Material besonders gut einsetzbar. Auch kiesiges Material ist schürfbar, wobei einzelne Kiesel bis etwa 10 cm Durchmesser aufgenommen werden können. Größere Steine können die Elevatorsprossen beschädigen.

Als Ladezeit kann für den Dauerbetrieb eine Fixzeit von 1,2 min angenommen werden.

Ladezeit Elevator-Scraper = 1,2 min

Bei dem Elevator wird man eine gehäufte Ladung mit 100 % Füllungsgrad anstreben, da die Ladezuwachskurve konstant ist. Dieser Scraper führt sein „Ladegerät" immer mit, wodurch das Leistungsgewicht ungünstiger wird. Man wird den Einsatz deshalb auf etwa 1.000 m Entfernung begrenzen.

Mit dem Elevator-Scraper lassen sich sehr genaue Schürftiefen einstellen. Auf der Kippe kann das Material sehr präzise abgesetzt werden, auch in sehr dünnen Lagen. Dadurch entsteht fast kein Einbauaufwand.

Der Elevator-Scraper eignet sich besonders für die Bodenvermörtelung als Technik der Bodenstabilisierung. Der Elevator mischt den schon in der Entnahme aufgetragenen Kalk gut durch. Hierdurch erhält man sofort einbaufähiges Material und hat wenig Probleme auf der Kippe.

AUGER-SCRAPER

4.6.4 AUGER-SCRAPER

Der Auger-Scraper basiert auf dem Prinzip der Förderschnecke. Das mit Zähnen bestückte Schneidmesser löst das Material, die hydraulisch angetriebene Förderschnecke, die in der Mitte des Kübels installiert ist, nimmt es auf, zerkleinert es und sorgt für den Weitertransport in den Kübel. Dadurch wird dieser Scraper ebenfalls zum Selbstladescraper mit ähnlicher Einsatzcharakteristik wie der Elevator-Scraper.

Beim Laden ist darauf zu achten, dass der Auger vor dem Eintauchen des Kübels ins Material in Gang gesetzt wird. Als Ladezeit kann ein Wert von 1,2 min genommen werden.

Ladezeit Auger-Scraper = 1,2 min

Der wirtschaftliche Einsatzbereich für Auger-Scraper mit Doppelmotorantrieb liegt bei Transportentfernungen bis ca. 2.000 m.

4.6.5 HINWEISE FÜR DEN SCRAPEREINSATZ

Es sollen einige wenige generelle Punkte angesprochen werden, die die Wirtschaftlichkeit des Scrapereinsatzes besonders berühren.

1. Organisation

Es wird empfohlen, für den Gesamtablauf einen erfahrenen Einsatzleiter vorzuhalten. Die Verantwortlichkeiten müssen festgelegt, gegebenenfalls delegiert sein:

Entnahme:
Schachtmeister oder Pusher-Fahrer

Transportweg:
Schachtmeister oder Grader-Fahrer

Schüttbereich:
Schachtmeister.

Auf die Schulung der Maschinisten ist besonderer Wert zu legen. Es reicht nicht nur das Wissen um die Bedienungstechnik sowie um die Wartung und Pflege der Geräte aus, die Methodik und Einsatztechnik gehören genauso dazu. Voraussetzung ist außerdem der Wille zur Teamarbeit, denn ohne ein koordiniertes Arbeiten lässt sich weder der Schub-Scraper noch der Push-Pull-Scraper wirtschaftlich einsetzen.

2. Einsatzdurchführung

a) Entnahme

- Nach Möglichkeit mit Gefälle arbeiten.
- Für ausreichenden Platz für alle Einheiten sorgen.
- Nicht zu große Entnahmeflächen öffnen (Regen).
- Abtragsfläche möglichst glatt halten .
- Spurversetztes Fahren, zwischen der ersten und zweiten Schürfbahn eine Bahn frei lassen, die dann als dritte abgetragen wird.
- Hohe Motordrehzahl halten für schnelle Hydraulik, bei Fels jedoch niedrige Drehzahl wählen, um auf jeden Fall ein Durchdrehen der Reifen zu vermeiden.
- Optimale (nicht maximale) Scraperfüllungen anstreben.
- Beladene Scraper gerade aus der Entnahme fahren, scharfe Kurven vermeiden.
- Falls Scraper mit Federungssystem versehen sind, dieses während der Beladung abschalten.

b) Transportweg

- Ständige Wegeunterhaltung mit Motorgradern.
- Breite Fahrbahnen (3 Scraperbreiten, mindestens 10 m), Kurven überhöhen, Kreuzungen sichern.
- Vorfahrt regeln (beladene Scraper sollten immer Vorfahrt haben), Fahrbahnen mit Profil anlegen, um Wasser abzuführen.

c) Schüttbereich

- Falls nicht verdichtet werden muss, nach Möglichkeit mit Gefälle arbeiten.
- In dünnen, gleichmäßigen Lagen abkippen, um Einbau und Verdichtung zu erleichtern.
- Hierfür muss der Scraper auf die richtige Fahrgeschwindigkeit heruntergebremst werden, und zwar schon vor dem Kippbereich.
- Kippfläche am Schichtende versiegeln, nach Möglichkeit Gefälle anlegen (einseitig quer oder Dachprofil), um Niederschläge abzuführen.

5

Einbau

Der Massentransport wird abgeschlossen mit dem Absetzen des Materials. Ob dann das Material weiterbearbeitet werden muss, hängt von dem Verwendungszweck bzw. der Bauaufgabe ab. Oft endet die Massenbewegung mit dem Abkippen überschüssiger oder unbrauchbarer Massen oder dem Absetzen von Schüttgütern auf Halde, in Bunker oder Aufgabetrichter.

Beim Erstellen von Erdbauwerken sowie beim Hinterfüllen und Überschütten von baulichen Anlagen wird das Schüttmaterial durch Weiterbehandlung zum Baustoff. Die Weiterbehandlung besteht im Einbauen und anschließenden Verdichten.

40
CATERPILLAR

Für den Einbau von Erdmassen sieht die VOB Technische Vorschriften vor, basierend auf der DIN 18300. Einige dort aufgeführte Punkte sollen wegen ihrer Wichtigkeit sinngemäß angesprochen werden.

Von der Einbaufläche müssen alle organischen Stoffe entfernt werden (Mutterboden, Torf, Wurzeln, Baumstümpfe), ebenso wie nicht tragfähiges Material (Schlamm) und Hindernisse (Bauwerksreste, große Gesteinsbrocken).

Vor der ersten Schüttung muss die Gründungssohle auf Eignung geprüft werden. Es kann sein, dass die Fläche präpariert und verdichtet werden muss, um eine einheitliche Beschaffenheit zu garantieren und spätere Setzungen zu vermeiden.

Bei geneigten Grundflächen können, um Rutschungen zu verhindern, Abtreppungen oder stufenförmige Verzahnungen vorgesehen werden.

Jede Art von Wasserzulauf muss gefasst und abgeleitet werden.

Das Material muss einbaufähig sein, Fremdkörper sind zu entfernen. Große Gesteinsbrocken und Schollen sind so in der Schüttlage einzubetten, dass keine Hohlräume entstehen (gegebenenfalls zerkleinern).

Das Schüttgut ist lagenweise einzubauen und zu verdichten.

Bindige Böden sind unmittelbar nach dem Einbau zu verdichten. Im aufgeweichten Zustand dürfen sie nicht überschüttet werden.

Kann der vorgeschriebene Verdichtungsgrad nicht erreicht werden, muss eine Bodenverbesserung erfolgen, eventuell sogar ein Bodenaustausch.

Gefrorene Böden dürfen nicht eingebaut oder verdichtet werden.

5.1 EINBAUSYSTEME

Der Einbau der Erdmassen lässt sich in zwei Systeme einteilen, die meist durch die Bauaufgabe vorgegeben werden:

- Kompakteinbau
- Flächeneinbau.

5.1.1 KOMPAKTEINBAU

Hierzu gehören das Hinterfüllen von Bauwerken sowie das Verfüllen von Baugruben und Gräben. Die Einbauflächen sind meist verhältnismäßig klein. Der Einbau erfolgt lagenweise mit Baggern, Radladern oder Kettendozern, bei beengten Bedingungen sogar manuell.

5.1.2 FLÄCHENEINBAU

Bei dieser Einbauart werden die Erdmassen auf große vorbereitete F ächen gekippt und maschinell verteilt, gegebenenfalls anschließend verdichtet. Der Flächeneinbau kann in einer Lage erfolgen, z. B. beim Mutterbodenauftrag oder dem Einbringen von Frostschutzmaterial. Mehrere Lagen werden erforderlich bei der Erstellung von Erdbauwerken. Es handelt sich dabei meist um trapezförmige Erddämme, wie man sie aus dem Straßen- oder Staudammbau kennt.

Die Schichtstärke der einzelnen Schüttungen variiert je nach Bodenart, Transport- und Verdichtungsverfahren, entsprechend unterschiedlich ist der Einbauaufwand. Grobkörniges, steiniges Material wird eine größere Lagendicke bewirken als sandiges. Scraper setzen den Boden in dünnen Lagen ab, der SKW/LKW mehr in Haufen.

Beim Abkippen und Verteilen sollte ein Entmischen des Materials vermieden werden. Anzustreben sind gleichmäßige Verdichtungsflächen mit gleichbleibenden Schichtstärken, um optimale Verdichtungsergebnisse zu erhalten.

5.2 MASCHINELLES EINBAUEN

Beim Flächeneinbau werden die Erdmassen großflächig verarbeitet, der Einbau erfolgt durchweg maschinell. Kann der Einbau nicht vom Transportgerät mit durchgeführt werden, kommen Kettendozer (gelegentlich auch Raddozer) sowie Motorgrader zum Einsatz, diese bevorzugt beim Feineinbau. Auch selbstfahrende Stampffußverdichter, sogenannte Tamping-Kompaktoren, können bei bestimmten Voraussetzungen die Einbauarbeit verrichten.

Der Einbauaufwand hängt von dem zu verdichtenden Material und dem ausgewählten Verdichtungsgerät ab. So kann es durchaus ausreichen, die vom LKW in Haufen abgesetzten Massen lediglich durch Brechen der Schüttkegel einzubauen, ein anderes Mal muss das Schüttgut über größere Strecken transportiert werden, um niedrigere Schüttlagen zu erhalten.

Der Einbau und die Verdichtung erfolgen beim Dammbau von außen nach innen, wobei ein Überkippen der Dammschultern bis zu 1 m erforderlich sein kann, um die Böschungen standsicher zu machen. Die einzelnen Lagen sollten durchgehend und aus gleichartigem Material sein. Um Oberflächenwasser ableiten zu können, ist ein Quergefälle vorzusehen.

LAGENSCHÜTTUNG, UNVERDICHTETES PLANUM

LAGENSCHÜTTUNG, VERDICHTETES PLANUM

LAGENSCHÜTTUNG, GENEIGTE KIPPFLÄCHE

KOPFSCHÜTTUNG

SEITENSCHÜTTUNG

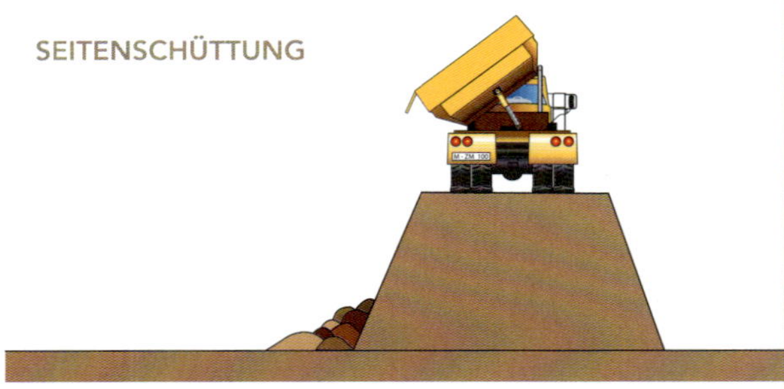

5.3 ABKIPPTECHNIKEN BEIM SKW/LKW-TRANSPORT

Man unterscheidet folgende Schüttverfahren:

1. Lagenschüttung mit unverdichtetem Transportplanum

Die Transportgeräte fahren auf der unverdichteten Kippfläche. Vorteil: wenig Einbauarbeit, teilweise Vorverdichtung. Nachteil: hohe Rollwiderstände, bei nassen, bindigen Böden können Fahrprobleme auftreten, viel Manövrieraufwand.

2. Lagenschüttung mit verdichtetem Transportplanum

Da die Transportgeräte auf der verdichteten Kippfläche fahren, ergeben sich gute Fahrbedingungen. Der Nachteil des Manövrierens bleibt. Eine gute Organisation im Kippbereich ist bei diesem Verfahren besonders wichtig, da immer verdichtete Kippflächen vorhanden sein müssen.

3. Lagenschüttung auf unverdichteter, geneigter Schüttfläche

Bei dieser Kipptechnik überfahren die SKW die unverdichtete Kippfläche, die geneigt angelegt wird (bis ca. 15 % Gefälle). Vorteil: kein Manövrieren im Kippbereich, gute Wasserableitung. Nachteil:

Wenn mit dem Einbau und der Verdichtung nicht gefolgt werden kann, besteht immer die Gefahr des Sich-Festfahrens.

4. Kopfschüttung
Die Kopfschüttung wird meist im Haldenbetrieb bzw. bei der Dammschüttung im Wasser angewandt. Das Verfahren führt zu einem Entmischen des Schüttguts. Eine Verdichtung des Schüttguts ist meist nicht möglich. Es handelt sich mehr um eine Abkipp- als um eine Einbaumethode.

5. Seitenschüttung
Dieses Verfahren wird u. a. zur Verbreiterung eines bestehenden Damms angewandt. Dabei werden die Schüttmassen rechtwinklig zur Dammachse abgesetzt. Wie bei der Kopfschüttung kann nicht lagenweise gearbeitet werden, auch hier ist die Möglichkeit einer Entmischung gegeben. Meist sind Verzahnungen mit dem bestehenden Damm vorzusehen, will man Rutschungen vermeiden. Auch hier handelt es sich mehr um eine Abkipptechnik.

5.4 EINBAULEISTUNGEN

Beim Einbau muss man unterscheiden zwischen Grobeinbau, dem Verteilen der Schüttmassen, und Feineinbau, der Herstellung von Flächen für die Weiterbearbeitung.

5.4.1 GROBEINBAU

Das gebräuchlichste Einbaugerät ist der Kettendozer. Seine im Kapitel „Transport" ausgewiesenen Leistungen können übernommen werden.

EINBAULEISTUNG VON KETTENDOZERN

	Motorleistung					
	50 kW	75 kW	100 kW	150 kW	225 kW	300 kW
	Schildinhalt					
	1,2 m^3	1,9 m^3	3,4 m^3	4,3 m^3	7,8 m^3	11,5 m^3
Weite	Leistung					
20 m	99 lm^3/h	156 lm^3/h	279 lm^3/h	353 lm^3/h	641 lm^3/h	945 lm^3/h
30 m	70 lm^3/h	111 lm^3/h	198 lm^3/h	251 lm^3/h	455 lm^3/h	670 lm^3/h
40 m	53 lm^3/h	83 lm^3/h	149 lm^3/h	188 lm^3/h	342 lm^3/h	504 lm^3/h
50 m	42 lm^3/h	67 lm^3/h	119 lm^3/h	151 lm^3/h	274 lm^3/h	404 lm^3/h

Diese Leistungen ändern sich bei Berücksichtigung der entsprechenden Korrekturfaktoren.

KORREKTURFAKTOREN

Zeitgrad	Korrekturfaktor
50 min	0,83
45 min	0,75
Fahrer	4,8
ausgezeichnet	1,00
durchschnittlich	0,75
Material	
lose	1,20
schwer zu schneiden	0,80
gefroren	0,80
schwer zu schieben	0,80
Fels, gerissen oder gesprengt	0,60 – 0,80
SU-Schild	1,20 – 1,40
U-Schild	1,40 – 1,60

Für leichtere Einbauarbeiten, z. B. das Verteilen und Einebnen von gehäuftem Kies und Schotter, kann der Motorgrader eingesetzt werden. Die Verteilung erfolgt entweder mit dem Frontschild, sofern damit ausgerüstet, oder mit der Schar durch seitliches Anschneiden des Schütthaufens.

Eine Leistungsbestimmung für den Grobeinbau lässt sich nur schwer durchführen. Von folgenden Anhaltswerten im Vergleich zum Dozer kann man ausgehen:

Grobe Schiebearbeit und Auskofferung:
Leistung des Kettendozers etwa 50 % höher

Verteilen und Querfördern von Schüttgut:
Leistung des Graders plus 10 %

Reines Planieren, z. B. Scraperkippe:
Leistung des Graders plus 50 % und mehr.

ANNAHME
Loser Sand: Faktor 1,2

Schubweite: 20 m

Gerät: Kettendozer, 150 kW, 4,3 m^3-S-Schild

Zeitgrad: 0,83 (50 min/h)

Fahrer:
Durchschnitt, Faktor 0,75

BERECHNUNG
Kettendozer 150 kW, 4,3 m^3-S-Schild:

Grundleistung: 353 lm^3/h (lt. Tabelle Seite 147)

Gesamtleistungsfaktor:
1,2 · 0,83 · 0,75 = 0,75

Einbauleistung:
353 lm^3/h · 0,75 = **264 lm^3/h**

5.4.2 FEINPLANIE

Der Motorgrader ist bauartbedingt dem Kettendozer beim Feineinbau überlegen. Die Leistungsbestimmung kann wie im Beispiel rechts aussehen:

Geräteausrüstung für hohe Planumsgenauigkeit

Die Technischen Vorschriften sehen für die verschiedenen Bauwerke bestimmte Planumsgenauigkeiten vor. Nivellierautomatiken mit Tachymeter-, Laser- sowie GPS-Steuerung ermöglichen eine präzise Kontrolle von Querneigung, Höhe und Richtung bei Dozer und Grader. Die heutigen Einbaugeräte sind mit sensiblen Gerätehydrauliken ausgerüstet, die auf die entsprechenden Steuerbefehle schnell und zuverlässig reagieren. Die moderne Nivelliertechnik erfordert unbedingt den Einsatz von geschultem Bedienpersonal, um in kurzer Zeit ein sauberes Planum zu erzielen.

ANNAHME

Gerät: 100-kW-Motorgrader, ausgerüstet mit einer 3,6 m breiten Schar

Arbeitsgeschwindigkeit
2. Gang: 6,2 km/h, gleiche Geschwindigkeit für Rückfahrt

Manövrierzeit:
20 % der Gesamtzeit

Überlappung
pro Durchgang: 50 %

Wirkungsgrad:
83 % (50 min/h), 3 Übergänge

BERECHNUNG

1. **Wirksame Scharbreite:**
   3,6 m · 0,5 = **1,80 m**
2. **Fläche pro Stunde:**
   6.200 m/h · 1,8 m
   = **11.160 m²/h**
3. **Gesamtzeit:**
   1 h Verteilen + 1 h Rückfahrt
   + 0,4 h Manövrieren
   = **2,4 h**
4. **Grundleistung:**
   $\frac{11.160 \text{ m}^2}{2,4 \text{ h}}$ = **4.650 m²/h**
5. **Leistung bei 83 % Wirkungsgrad (50 min/h):**
   4.650 m²/h · 0,83
   = **3.860 m²/h**
6. **Effektive Leistung** bei 3 Übergängen:
   $\frac{3.860 \text{ m}^2\text{/h}}{3}$ = **1.286 m²/h**

6

Verdichten

Jedes Erdbauwerk muss über eine ausreichende Tragfähigkeit verfügen, damit Setzungen und Verformungen keinen schädlichen Einfluss auf das Bauwerk ausüben können. Die auf den Erdkörper einwirkenden Belastungen können sehr unterschiedlicher Natur sein, z. B. statisch durch sein Eigengewicht oder durch das Gewicht später errichteter Kunstbauten. Es kann sich um dynamische Belastungen handeln in Form rollenden Verkehrs oder um hydraulische durch Wassereindringung in den Erdkörper. Nicht zu vergessen sind Witterungseinflüsse und die damit verbundene Erosion.

CAT CP74B

Aufgabe der Erdverdichtung ist es, durch Reduzieren des Hohlraumgehalts des Bodens für eine ausreichende Tragfähigkeit zu sorgen.

Erdverdichtung =
Verringerung des Hohlraumgehalts des Bodens

Jeder Boden setzt sich aus einer Festsubstanz, einer Anhäufung von Einzelkörpern, und einem Hohlraumanteil zusammen. Der Hohlraum ist angefüllt mit Wasser oder Luft. Da die einzelnen Mineralbestandteile der Festsubstanz kaum zusammendrückbar sind, wird bei der Verdichtung der Hohlraum durch Herauspressen von Luft und/oder Wasser reduziert. Der frei werdende Porenraum wird mit Mineralteilchen angefüllt, was eine dichtere Lagerung des gesamten Mineralverbandes bewirkt. Diese dichtere Lagerung führt zu einer höheren Scherfestigkeit des Erdkörpers, die sich wiederum in der gewünschten größeren Tragfähigkeit auswirkt. Gleichzeitig werden die Wasserdurchlässigkeit und die Wasseraufnahmefähigkeit vermindert.

Die Reduzierung des Hohlraumanteils ist nicht bei allen Böden gleich gut möglich, sie ist bei den nichtbindigen Böden einfacher zu erreichen als bei den bindigen.

Für die Beurteilung der Verdichtbarkeit reicht die im Kapitel „Material" dargestellte Einteilung der Böden nach der DIN 18300 in 7 Bodenklassen allein nicht aus. Benötigt werden auch Angaben über Kornaufbau und Kornverteilung, über Kornform und Korngröße und nicht zuletzt über den Wassergehalt, der die Zustandsform bestimmt.

Der Kornaufbau, also die Abstufung in die unterschiedlichen Korngrößen, wird in der Kornverteilungskurve (s. Seite 17) dargestellt.

Als nichtbindig wird der Boden bezeichnet, der aus lose aneinanderliegenden Körnern besteht, die mehr als 0,06 mm Durchmesser aufweisen. Hierzu gehören alle Sande und Kiese. Dieser Boden weist Hohlraumanteile von etwa 20 bis 40 % auf.

Bindig ist der Boden, der einen Schluff- und/oder Tonanteil enthält, bei dem also Korndurchmesser von weniger als 0,06 mm vorliegen. Der Bindigkeitsgrad wird ausschließlich vom Tonanteil bestimmt. Hierbei gelten 10 % Tonanteil als leichtbindig, 50 % als starkbindig.

Bei der Verdichtung des bindigen Bodens spielt der Wassergehalt eine besondere Rolle, denn das Wasser lässt sich aus den feinen Poren kaum oder nur mit großem Aufwand verdrängen. Der Wassergehalt gibt die Zustandsform, die Konsistenz des Bodens wieder, von der der Schwierigkeitsgrad der Bearbeitbarkeit abhängt. Je nach Wassergehalt geht die Skala von hart, krümelig, rollbar, breiig bis flüssig. Eine zufriedenstellende Verdichtung ist nur im Bereich krümelig gewährleistet.

Die Korngrößenbestimmung ist nicht nur wegen der Einteilung in bindig und nichtbindig wichtig, gleichermaßen interessiert auch der Anteil der jeweiligen Korngröße. Je ungleichförmiger das Material ausfällt, desto besser lässt sich eine hohe Lagerungsdichte erreichen, da immer kleinere Körner in die Hohlräume zwischen den gröberen

Körnern passen. Schlecht zu verdichten sind gleichkörnige, also wenig oder nicht abgestufte Materialien.

Auch die Kornform spielt eine wichtige Rolle. Gedrungene, eckige, kubische Formen eignen sich besser als runde oder fischartige.

6.1 VERDICHTUNG UND VERDICHTER

Bei der Verdichtung wirken auf den Boden mechanische Kräfte in Form von Druck, Stoß, Vibration, Knetung oder einer Kombination davon.

Was mit dem Boden unter einem Verdichter passiert, veranschaulicht das folgende Bild.

Bei Belastung einer Fläche setzt sich der Druck im Boden in einer Serie von Druckausläufern fort, die zwiebelförmig verlaufen (a).

Vergrößert man nun die Fläche der Platte und im gleichen Maß die Belastung, so bleibt der Druck, die Bodenpressung, konstant, aber die Tiefe der Druckausläufer wird erhöht (b).

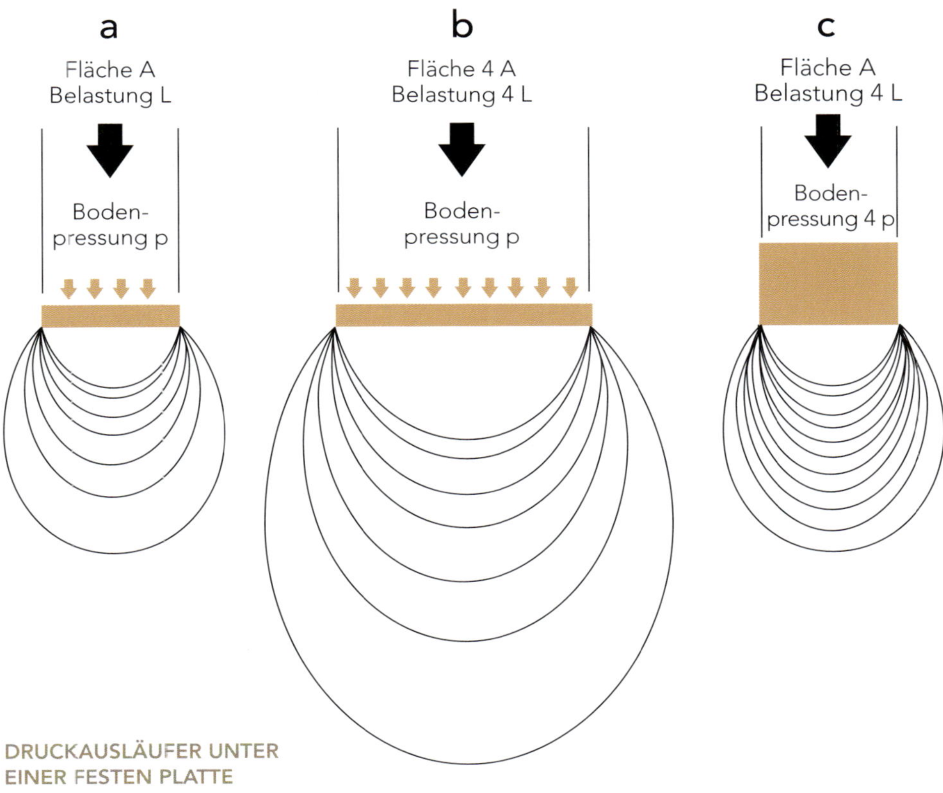

DRUCKAUSLÄUFER UNTER EINER FESTEN PLATTE

Lässt man hingegen die Fläche konstant und erhöht nur die Belastung, dann verändern sich die Druckausläufer nur unwesentlich, der Flächendruck und die Intensität der Druckausläufer vergrößern sich jedoch (c).

Das Beispiel zeigt zum einen, dass bestimmte Schichtstärken vorgegeben werden müssen. Deren Überschreitung verschlechtert die Verdichtungswirkung, da die Intensität der Druckausläufer abnimmt. Auf der anderen Seite kann eine zu große Druckerhöhung eine zu starke Verdichtung an der Bodenoberfläche bewirken, das gesamte Schichtpaket wird nicht erfasst.

Den unterschiedlichen Bodenarten entsprechend wird eine Reihe sehr unterschiedlicher Verdichtungsgeräte angeboten, die in zwei große Gruppen eingeteilt werden können:

1. statische Verdichtungsgeräte
2. dynamische Verdichtungsgeräte.

6.1.1 STATISCHE VERDICHTUNGSGERÄTE

1. Glattmantelwalze

Wenn dieses Gerät im ersten Übergang auf eine neue Schicht trifft, also verhältnismäßig tief eindringt, ergibt sich eine Aufstandsfläche, die Druckausläufer dringen tief ein. Bei weiteren Übergängen verringert sich die Berührungsfläche und damit auch die Tiefe der Druckausläufer. Gleichzeitig steigt der Druck mit dem Ergebnis einer sehr intensiven, nicht gewünschten Bodenpressung an der Oberfläche. Das Gerät wirkt außerdem wie eine Brücke und ist nicht in der Lage, weiche Stellen im Erdkörper aufzufinden. Da es zudem sehr langsam arbeitet, findet es im etwas größeren Erdbau nur noch vereinzelt Anwendung. Es ist gut geeignet, Oberflächen zu versiegeln.

2. Gummiradwalze

Gummiradwalzen benötigen hohe Eigengewichte (bis über 100 t!), damit die Reifen tief in den Boden eindringen und entsprechende Verdichtungskräfte entwickeln können. Die Knetung des Materials ist gut, jedoch kann es

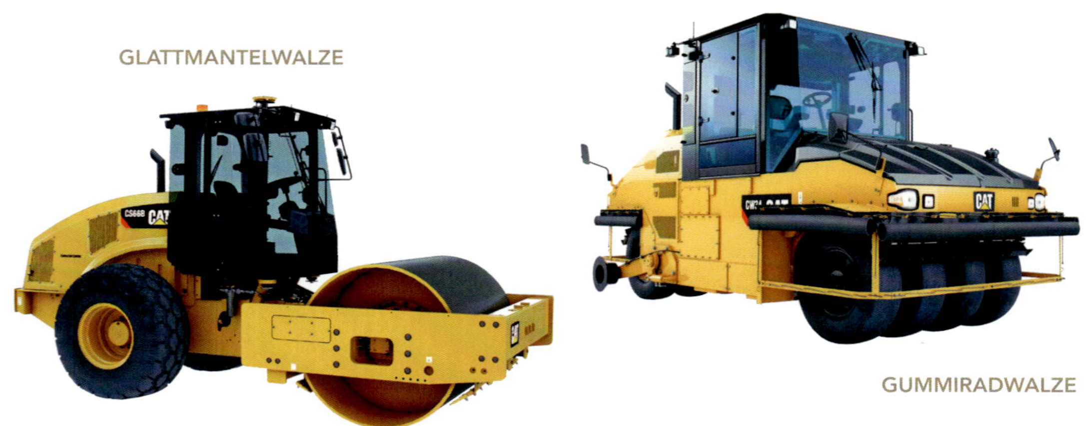

GLATTMANTELWALZE

GUMMIRADWALZE

zu einer übermäßigen Verdrängung des Oberflächenmaterials kommen, was zu Brüchen und Rissbildungen führt.

Hohes Gewicht und hoher Rollwiderstand erfordern starke Zugmaschinen, bei Eigenantrieb hohe Motorleistungen. Da außerdem die Arbeitsgeschwindigkeiten sehr niedrig sind, ist die Anwendung eher eingeschränkt.

3. Schaffußwalze

Die kleine Berührungsfläche des Schaffußes und die damit verbundene hohe Belastung bewirken nur sehr kleine Druckausläufer, die dafür aber umso intensiver sind. Die Verdichtung basiert hier mehr auf der Knetung als auf der Wirkung der Druckausläufer. Die Eindringung des Schaffußes in den Boden lockert diesen oberflächennah stark auf und sorgt so für extrem hohe Rollwiderstände.

Die Schaffußwalze wird bevorzugt eingesetzt, wenn Schichtung und Elastizität eines Bodens überwunden werden müssen, wie dies bei Tonkernen im Staudammbau der Fall sein kann.

4. Stampffußwalze

Durch die Änderung der Fußform vom Schaf- zum Stampffuß werden die Nachteile der geringen Fläche und des hohen Rollwiderstands einigermaßen aufgehoben, wobei der Vorteil der guten Bodenknetung erhalten bleibt.

Der Stampffuß ist besonders geformt: Die Berührungsfläche vergrößert sich mit der Eindringtiefe in den Boden, sodass die Verdichtungswirkung automatisch der Tragfähigkeit des verdichteten Bodens angeglichen wird. Der Stampffuß wandert quasi mit zunehmenden Übergängen aus dem Material heraus.

Der Stampffußverdichter ist sehr vielseitig über ein breites Materialspektrum wirtschaftlich einsetzbar. Wirtschaftlich zumindest dann, wenn die Geräte selbstfahrend und damit schnell sind.

Mit einem Planierschild ausgerüstet kann der selbstfahrende Stampffußverdichter, auch Tamping Kompaktor genannt, beträchtliche Einbauarbeit leisten, die an vergleichbare Kettendozer heranreicht.

6.1.2 DYNAMISCHE VERDICHTUNGSGERÄTE

Vibrationsverdichter

Die Vibrationsverdichter sind als Hauptvertreter der dynamischen Verdichtungsgeräte zu nennen. Sie werden als Glattmantel-, Schaf- oder Stampffußwalzen oder als Kombiwalzen angeboten.

Die Vibration bewirkt eine zeitweilige Zerstörung der inneren Reibung (Friktion) des Bodens, auf die die nichtbindigen Böden hauptsächlich ihre Festigkeit zurückführen. Bei bindigen, plastischen Bodenarten hängt die Festigkeit mehr von der Kohäsion ab, in diesem Material ist die Vibration nicht ganz so wirksam. Wenn dem Boden die Friktion entzogen wird, bricht er infolge der Schwerkraft zusammen und die einzelnen Bodenteilchen erhalten Gelegenheit, sich neu auszurichten. Bei diesem Vorgang können kleinere Teilchen in den freien Porenraum fallen und damit für eine dichtere Lagerung sorgen.

Bei Vibrationsverdichtern kommt es weniger auf das Eigengewicht an als vielmehr auf die Energiemenge, die tatsächlich in den Boden übertragen wird. Sie steht in direktem Zusammenhang mit der Zentrifugalkraft des Vibrationsmechanismus, der seinerseits von der Motorleistung abhängt.

Der große Vorteil der Vibrationsverdichter liegt in der größeren Verdichtungstiefe, zumindest bei körnig-losem Material. Um diesen Vorteil auch auf bindiges Material auszudehnen, wird die dynamische Kraft und die Schwingungsamplitude erhöht. Die Doppelvibrationswalze, phasenverschoben arbeitend, bringt den gleichen Effekt. Doppel-

CAT TANDEM-VIBRATIONSWALZE

vibrations- und Tandemwalzen erzielen außerdem eine bessere Knetung des bindigen Bodens. Dies trifft besonders auf die Kombiwalzen zu.

Die Arbeitsgeschwindigkeiten variieren zwischen 3 und 5 km/h, bei höherer Geschwindigkeit nimmt die Verdichtungswirkung sehr schnell ab.

6.2 LEISTUNGSBERECHNUNG

Wegen der Heterogenität des zu verdichtenden Materials lässt sich eine genaue Bestimmung der Verdichtungsleistung kaum durchführen. Wirkungstiefe und erforderliche Anzahl der Übergänge lassen sich nur schätzen, basierend auf Erfahrungswerten. Für den konkreten Einsatzfall wird man kaum an Probeverdichtungen vorbeikommen.

Allgemein lässt sich die Leistung bestimmen nach

$$Q = \frac{V \cdot b \cdot h}{z} \quad (fm^3/h)$$

V = Arbeitsgeschwindigkeit (m/h)
b = wirksame Arbeitsbreite (m)
h = Schichtdicke des verdichteten Bodens (m)
z = Zahl der Übergänge.

Die Arbeitsgeschwindigkeit und die wirksame Gerätebreite (wegen der notwendigen Überlappung ca. 80 % des Verdichtungskörpers) sind mehr oder minder vorgegebene, konstante Werte. Variablen ergeben sich aus der Schichtstärke und der erforderlichen Zahl an Übergängen.

Folgende Tabelle kann als Orientierung dienen:

SCHICHTSTÄRKEN UND ZAHL DER ÜBERGÄNGE DER VERSCHIEDENEN VERDICHTER

	Material											
	nicht bindig Sande – Kiese			**bindig Schluffe – Tone**			**bindig Mischboden**			**felsig Steine – Blöcke**		
Gerät	h (cm)	z	E	h (cm)	z	E	h (cm)	z	E	h (cm)	z	E
Glattwalze	10 – 40	4 – 10	0	10 – 30	4 – 10	0	20 – 40	4 – 10	0	20 – 40	4 – 10	0
Gummirad	20 – 50	6 – 12	+	20 – 30	6 – 12	+	20 – 50	6 – 10	0			
Stampffuß				20 – 30	4 – 8	+	20 – 30	4 – 8	+			
Walzenzug	30 – 80	2 – 8	+	10 – 50	4 – 6	0	20 – 80	2 – 8	+	40 – 100	2 – 10	+
Tandemwalze	20 – 70	2 – 6	+	10 – 50	4 – 6	0	20 – 80	2 – 6	+	20 – 60	2 – 6	+

E = Eignung: + = geeignet, 0 = meist geeignet

Für kleinere Verdichtungsarbeiten werden handgeführte Walzen, Stampfer und Vibrationsplatten angeboten, alles dynamisch wirkende Geräte.

6.3 VERDICHTUNGSVERSUCH UND VERDICHTUNGSKONTROLLE

6.3.1 Proctorversuch

Um Zielwerte der Verdichtung vorgeben zu können, muss zunächst die dichteste Lagerung durch genormte Laborversuche bestimmt werden. Hierzu dient der Proctorversuch, bei dem die Bodenprobe in einem genormten Gefäß unter vorgegebenen Bedingungen (Anzahl der Schichten, Fallhöhe, Gewicht des Aufschlaghammers, Aufschlagsfläche) verdichtet wird. Dabei werden der Wassergehalt und das Trockenraumgewicht festgehalten. Dieser Versuch wird mit dem gleichen Boden bei verschiedenem Wassergehalt wiederholt. Die Ergebnisse werden grafisch dargestellt im Verhältnis von Trockendichte zu Wassergehalt.

Das im Kulminationspunkt der Kurve angezeigte Trockenraumgewicht gibt die einfache Proctordichte an, der dazugehörige Wassergehalt wird als optimaler Wassergehalt bezeichnet.

Die Trockenraumdichte nimmt mit zunehmendem Wassergehalt bis zum Maximum zu, dann wieder ab. Es ist ersichtlich, dass bei gleicher Verdichtungsarbeit ausschließlich der Wassergehalt das Ergebnis bestimmt. Das gilt jedoch nur für gut abgestufte und nicht- bis schwachbindige Böden.

Wird die Verdichtungsarbeit erhöht (weitere Einbauschichten, größere Fallhöhen, mehr Gewicht des Aufschlaghammers), dann steigt das Trockenraumgewicht an, der optimale Wassergehalt jedoch verringert sich, wie die obere Kurve zeigt. Man spricht hier von der verbesserten Proctordichte.

Hat man einmal im Labor die Proctorwerte ermittelt, so erhält

PROCTORDIAGRAMM: OPTIMALE FEUCHTE FÜR MAXIMALE EINBAUDICHTE

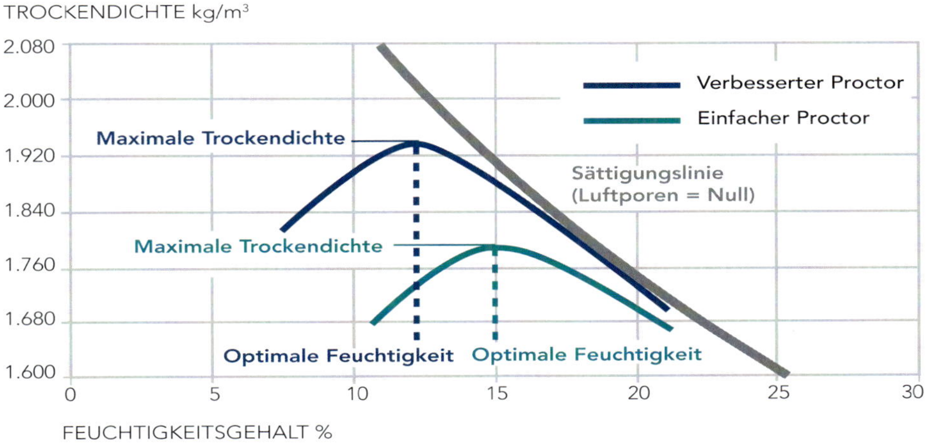

TROCKENDICHTE kg/m³
2.080
2.000
1.920
1.840
1.760
1.680
1.600
Verbesserter Proctor
Einfacher Proctor
Maximale Trockendichte
Sättigungslinie (Luftporen = Null)
Maximale Trockendichte
Optimale Feuchtigkeit
Optimale Feuchtigkeit
0 5 10 15 20 25 30
FEUCHTIGKEITSGEHALT %

man die entsprechende Vorgabe für die Baustelle, z. B. 98 % einfacher Proctor oder 95 % verbesserter Proctor.

6.3.2 VERDICHTUNGSKONTROLLE

Für die Nachprüfung der Verdichtung wurde eine Reihe normierter Verfahren entwickelt, z. B. die Sandersatzmethode oder die Zylinderentnahmemethode. Diese Methoden, die auf der Bestimmung des Raumgewichts basieren, eignen sich nicht für Felsschüttungen oder mit Steinen durchsetzte Böden. Hier kommt der Plattendruckversuch zur Anwendung, bei dem der Verformungsmodul des verdichteten Bodens gemessen wird. Dabei werden runde Platten verschiedener Größe stufenweise belastet und die Setzungen mit Messuhren erfasst. Der Verformungsmodul E wird dann berechnet nach:

$$E = \frac{1{,}5 \cdot r \cdot p}{s}$$

r = Radius der Druckplatte (cm)
p = Belastungsdruck (kg/cm²)
s = Setzung der Platte (cm).

Durch den Vergleich zu vorgegebenen Richtwerten erhält man dann eine Aussage über das Verdichtungsergebnis.

Der Lastplattendruckversuch ist verhältnismäßig zeitaufwendig. Er eignet sich zwar für den Verdichtungsnachweis, nicht aber zur Ermittlung des unmittelbaren Verdichtungsergebnisses. Hierfür werden walzenintegrierte Messgeräte angeboten, die den jeweiligen Verdichtungsgrad optisch und numerisch anzeigen. So kann der Walzenführer unmittelbar entscheiden, ob die Verdichtung ausreicht oder ein weiterer Übergang erforderlich ist.

An diese Messsysteme lassen sich Drucker anschließen, womit die Verdichtung bereits auf der Baustelle dokumentiert werden kann.

VERZEICHNIS DER ABKÜRZUNGEN

AT	Arbeitstakt (Umlauf)
ATZ	Arbeitstaktzeit (Umlaufzeit)
Bkl.	Bodenklasse
CECE	Committee for European Construction Equipment (legt in Europa Gerätenormen fest)
HB	Hydraulikbagger
HL	Hochlöffel
KD	Kettendozer
RL	Radlader
SAE	Society of Automotive Engineers (legt in den USA Gerätenormen fest)
SKW	Schwerlastkraftwagen
TL	Tieflöffel
VBG	Unfallverhütungsvorschriften der Tiefbau-Berufsgenossenschaft
VOB	Vergabe- und Vertragsordnung für Bauleistungen

LITERATURHINWEISE

Henningsen-Katzung:
Einführung in die Geologie Deutschlands
4. Auflage, Ferdinand Enke Verlag, Stuttgart 1992

Performance Handbook
36. Auflage, Caterpillar Peoria, Illinois 2006
(nicht im Buchhandel erhältlich)

W. Thum:
Sprengtechnik im Steinbruch und Baubetrieb
1. Auflage, Bauverlag, Wiesbaden und Berlin

Handbuch für Reißeinsätze
8. Auflage, Caterpillar Peoria, Illinois
(nicht im Buchhandel erhältlich)

Handbuch BML, Erdbaumaschinen
Bundesausschuss Leistungslohn
4. Auflage, Zentraltechnik-Verlag, Neu-Isenburg

Reference Guide to Mining Machine Applications
CAT GLOBAL MINING
AEXQ0030, Peoria 2006 (nicht im Buchhandel erhältlich)

Walter Schumann:
Steine und Mineralien, Edelsteine, Gesteine, Erze
5. Auflage (Februar 1990),
BLV Buchverlag GmbH & Co. KG,
München, ISBN: 3405118220

Kurt Gieck, Reiner Gieck:
Technische Formelsammlung
30. Auflage (2005), Gieck-Verlag
ISBN: 3920379217